全球化与在地化：
城市更新语境中的水岸再生

丁凡 著

中国建筑工业出版社

图书在版编目（CIP）数据

全球化与在地化：城市更新语境中的水岸再生／丁
凡著．—北京：中国建筑工业出版社，2022.8
ISBN 978-7-112-27718-6

Ⅰ.①全…　Ⅱ.①丁…　Ⅲ.①城市规划—研究—世界
Ⅳ.① TU984

中国版本图书馆 CIP 数据核字（2022）第 141548 号

全球化与在地化是一个宏大的命题，也是本书写作的重要语境。在全球化的背景下，文化、资本等要素都发生了快速的、网络化的移动和交换，这也包括世界各地的城市更新行动。水岸再生作为城市更新的一个典型类型，代表了城市更新的某些突出性特征，并从一个侧面揭示了城市更新的发展规律。尤其是在全球化的背景下，水岸这片独特的城市区域其自身再生的过程能够体现全球与本地间力量的流动。本书立足于世界范围内城市更新背景下的水岸再生发展的整体性现象、规律以及阶段性、地域性的特征，探究水岸再生与城市更新之间的关系以及水岸再生所具备的复杂性和矛盾性，挖掘介于全球与本地间水岸再生的研究模型框架，并列举全球与本地典型的水岸再生案例作为实证支撑，力图使得整本书的叙述结构完整，并为上海等城市的水岸发展提供借鉴。

责任编辑：焦扬
责任校对：赵菲

全球化与在地化：城市更新语境中的水岸再生

丁凡　著

*

中国建筑工业出版社出版、发行（北京海淀三里河路9号）

各地新华书店、建筑书店经销

北京建筑工业印刷有限公司制版

北京云浩印刷有限责任公司印刷

*

开本：787 毫米 ×1092 毫米　1/16　印张：11¼　字数：178 千字
2022 年 8 月第一版　2022 年 8 月第一次印刷
定价：**58.00** 元
ISBN 978-7-112-27718-6
（39905）

序　　一

　　在航运时代，水港作为全球运输网络中的重要节点，成为全世界信息交汇的节点，水岸也成为人员、资本和文化汇集的中心场地。随着工业化进程的开展，水岸得到了大规模的开发，成为资源生产型的场所。然而去工业化浪潮将世界水岸带入了衰败的境地，给水岸留下了工业污染和衰败，使之成为人们避之不及的边缘场所。在全球化的时代，水岸的重要性重新得到审视，随着水岸再生运动在全球范围内的开展，水岸又从边缘回到了中心，成为链接全球与本地的特殊的城市区域。

　　水岸是最能体现全球化和本地化交融共生的场所。水岸再生和城市更新的关系十分密切。作为一种特殊的空间类型，水岸的发展映射了城市更新的阶段性特征，我和丁凡曾经撰文从结构性和策略性角度阐释过水岸再生与城市更新的关系。同时水岸再生是一个多维度多侧面的过程，具有复杂性和矛盾性，也存在着众多的利益主体与冲突，需要处理多方面的关系。

　　本书全球视野与本地视野相结合，历史研究与实证研究相结合。作者将"水岸与城市"的关系放置于"全球与本地"的独特视角下，通过借鉴世界水岸发展的典型案例，来关照当今上海的水岸发展现实。在新时期"人民城市"和"一江一河"等上海城市发展战略的引导下，上海的水岸发展又将面临新的机遇与挑战，同时它们也为上海未来的水岸发展提供了有益的指导和借鉴。

　　本书是作者博士论文研究的延续和升华，作为丁凡博士的导师，我十分欣慰地看到她的研究方向得以随着自身的学术成长而不断地深化和扩展，也十分期待本书的出版可以为城市更新、水岸再生等研究领域填补空白，并为全球文化传播、跨文化传播等领域打开新的思路。

同济大学原常务副校长

同济大学建筑与城市规划学院教授、博导

法国建筑科学院院士

同济大学联合国环境与可持续发展学院院长

超大城市精细化治理（国际）研究院院长

上海市城市更新及其空间技术重点实验室主任

序　二

　　20 世纪 90 年代初，在刘云教授主持下，同济大学建筑与城市规划学院的众多学者完成了一系列关于苏州河滨水区环境更新的研究，而我的硕士论文也以《城市滨水区空间形态的演化与更新》为题进行写作，该成果的核心部分在《时代建筑》杂志上发表，并得到了学界广泛的关注和引用。

　　2002 年黄浦江两岸综合开发开始，对于水岸再开发的关注也逐渐由苏州河转向了黄浦江两岸。伴随着全球瞩目的 2010 年上海世博会的召开，以黄浦江为地理坐标的水岸开发正式进入到了上海、中国甚至全球的视野。随后连续三届（2015 年、2017 年、2019 年）上海城市空间艺术季带动了黄浦江西岸、东岸以及杨浦滨江等区域的开发，也引发了大量的规划师、建筑师实践活动的集聚和开展，其中不乏柳亦春（龙美术馆）、张斌（望江驿）、章明（绿之丘）等明星建筑师的参与，这是一场大规模的由城市更新带动的建筑再实践。同样，我主持的麟和建筑工作室 ATELIER L ＋与 Inaki Abalos 教授共同创作完成了杨浦大桥公园建筑景观综合体，通过建筑与景观的一体化创造出一种新型的市民共享水岸公共空间。

　　丁凡本硕博就读于同济大学建筑系，后于同济大学城乡规划学博士后流动站完成博士后研究工作。作为她的本科老师，非常欣慰地目睹了她学术成长轨迹的不断延伸和拓展，依托对于城市研究的学术基础，她将城市传播、城市文化研究、城市更新等议题进行了交叉贯通，并产出了系列成果。

本书以"全球化与在地化"为议题，不仅体现在建筑设计、城市规划等领域，同时在传播学领域也具有重要意义，它蕴含了一种文化传播的路径，这是一种城市和建筑的文化现象在全球流动以及在本地转化的过程。城市传播是艺术与传媒学院新闻传播学科的主流特色学科方向之一，我相信这种基于学科交叉的研究是具有前瞻性意义的。期望本书的出版为相关研究领域的学者提供有益的借鉴。

同济大学艺术与传媒学院院长

同济大学建筑与城市规划学院长聘教授、博士生导师

前　　言

　　全球化与在地化是一个宏大的命题，也是本书写作的重要语境。在全球化的背景下，文化、资本等要素都发生了快速的、网络化的移动和交换，这也包括世界各地的城市更新行动。水岸再生作为城市更新的一个典型类型，代表了城市更新的某些突出性特征，并从一个侧面揭示了城市更新的发展规律。特别是在全球化的背景下，水岸这片独特的城市区域其自身再生的过程能够体现全球与本地间力量的流动。本书立足于世界范围内城市更新背景下的水岸再生发展的整体性现象、规律，以及阶段性、地域性的特征，探究水岸再生与城市更新之间的关系以及水岸再生所具备的复杂性和矛盾性，挖掘介于全球与本地间水岸再生的研究模型框架，并列举全球与本地典型的水岸再生案例作为实证支撑，力图使得整本书的叙述结构完整，并为上海等城市的水岸发展提供借鉴。

　　由于个人成长经验的影响，笔者对于全球化背景下的城市发展的共性与特性，以及它们之间的关联十分感兴趣，博士论文即以"全球化与在地化"为主题探讨了以上海四个水岸为主线，世界其他区域的水岸再生为副线的城市水岸更新的现象，并探讨了这种跨区域和跨文化之间城市发展的联系与区别。

　　笔者曾对世界几十个城市的著名水岸案例进行过实地调研。美国包括纽约曼哈顿巴特雷公园城、南街港、波士顿历史水岸以及巴尔的摩、华盛顿等城市的经典案例；欧洲地区包括西班牙马德里、巴塞罗那、安达卢西亚、德国柏林、荷兰鹿特丹科普凡则伊德港口、挪威奥斯陆、法国南部尼斯、摩洛哥、意大利威尼斯、热那亚；亚洲地区包括韩国首尔河、日本东京湾、新加坡河滨海湾等地；以及中国包括上海、珠海、宁波、青岛等城市水岸，还有香港和澳门城市水岸等。结合当地历史博物馆资料等，并采取问卷调查的方式，获取了第一手资料，使得本研究具有较高的可行性。

本书从中挑选了五个世界著名水岸再生经典实例，分别是上海浦东陆家嘴、德国鲁尔区埃姆歇河畔公园、新加坡河滨海湾、荷兰鹿特丹南部岬角港区、西班牙毕尔巴鄂里尔河古根海姆博物馆，分别体现了以水岸新区建设、以工业遗产再生、以历史文化遗产保护、以水岸大型项目建设、以艺术地标引导为特征的水岸再生，这五个案例最能体现"东方—西方""全球—本地""水岸—城市"几组对应关系。本书最后创新性地提出水岸研究的历史观、空间观和文化观，并做出从水岸再生走向城市更新的积极展望。

以小窥大，水岸作为城市空间的一种特殊类型，体现了一种更为广泛的关系，它不仅映射到城市更新发展的过去、现状和未来，也体现了更大范围内"全球与本地""东方与西方"等跨越时空的文化链接与传播。希望此书的出版能够为相关领域研究人员提供借鉴。

目　　录

第1章

绪论

1.1　全球化与在地化

波兰社会学家齐格蒙特·鲍曼（Zygmunt Bauman）在《全球化——人类的后果》（*Globalization: Human Consequence*）一书中认为全球化带来的不是我们预期的混合文化，而是一个日益趋同的世界 [1]。戴维·赫尔德（David Held）、安东尼·麦克格鲁（Anthony McGrew）所著《全球化与反全球化》（*Globalization/Anti-Globalization*）[2] 通过透视全球化的种种迹象探讨了相关的治理问题、文化问题、经济模式和全球伦理问题。德国社会学家乌尔里希·贝克（Ulrich Beck）从全球化的多重价值、多种含义及其不同领域出发拓展政治上应对全球化的视野 [3]。

与全球化同时兴起的还有在地化的理论争论。"全球在地化"（Glocalization）的概念最初由美国社会学者罗兰·罗伯森（Roland Robertson）于20世纪90年代所创造，用以形容"生产某种具有标准意义产品的同时，迎合特定市场或个别爱好以打开产品销路"[4]。罗伯森认为全球化与地方反应具有交错、矛盾、融合的复杂关系，同时全球化是全球化与在地化并行的进程 [5]。"全球在地化"理论为全面研究全球化时代的全球与地方社会的文化互动，进而思考通过地方实践变革世界等问题提供了一种有益的理论视角。

爱尔兰社会学者罗伯特·J.霍尔顿（Robert J. Holton）认为地方对全球事务具有形塑作用，肯定了全球和地方"相互依存""相互渗透"且"不同社会层面之间"存在"不必相互侵占或不可兼容"关系的基础上，主张从全球在地的角度推进研究，谓之"作为方法的全球在地主义"（Methodological Glocalism）[6]。希腊社会学家维克托·鲁多梅托夫（Victor Roudometof）以全球化研究的"全球地方性转向"（Glocal

Turn），总体描述近年来全球在地化研究在人文社会科学领域的兴起及其引起的理论和方法论"变容"，具体而言：在全球化总体评价方面，与全球化研究侧重均质化、普遍化的"统合"问题不同，全球在地化研究将全球化视为均质化、普遍化作用有限的进程，着眼于全球化与在地化的"相互作用"（Mutual Interaction）；在全球化与在地化关系方面，与全球化研究侧重探讨"全球与地方的对抗、抵抗"相异，全球在地化研究思索"全球与地方如何互为补充、相互作用，进而缔造良性关系"的可行之法；在聚焦文化现象方面，与全球化研究关注"增长全球化""美国化""文化帝国主义"等问题不同，全球在地化研究聚焦"全球在地化""各地方空间出现的文化克里奥尔化现象""如何有效活用全球地方文化缔造新文化"等课题；在"地方"特性方面，全球化研究往往聚焦"流动空间"与"疆界空间"（Spaces of Places）的对立，即"由人、信息、金融等跨越地域、国家、地区流动构成的空间"与"绝对空间或地理空间"之间的对立，而全球在地化研究则大多聚焦"流动空间与固定场所间对立的消解"，更关注"相对或社会空间"。鲁多梅托夫的研究既肯定了全球在地化与全球化的紧密关联，又基于"地方"多重空间意涵进行分析。通过对比，明晰了全球在地化有别于全球化的研究课题[7]。

而批判性地域主义这一术语最先是由建筑理论家亚历山大·楚尼斯（Alexander Tzonis）和利亚纳·勒费夫尔（Liane Lefaivre）在20世纪80年代初提出的，后来被肯尼思·弗兰姆普敦（Kenneth Frampton）用来描述一种对于全球化的通用建筑的抵抗态度。地域主义是指某个区域或是地方的独有建筑，而批判性地域主义则与此不同，既有普遍性又有地方的特殊性。弗兰姆普敦作为这一概念的主要理论家，将其描述为"地方的特质"（the idiosyncrasies of place）找到了"不用陷入多愁善感的表达方式"。批判地域主义建筑师包括阿尔瓦·阿尔托、约恩·伍重、阿尔瓦罗·西扎以及路易斯·巴拉干和卡洛斯·鲁伊斯·比利亚努埃瓦（Carlos Ruis Villanueva）等[8]。在弗兰姆普敦于1983年发表的后现代文章《走向批判的地域主义——抵抗建筑学的六要点》（*Towards a Critical Regionalism Six Points for an Architecture of Resistance*）中，他的建筑学观点，即批判性地域主义，是在提倡一种既拥抱全球潮流又深深根植于所在环境的建筑学[9]。

水岸再生与全球化时代紧密相关。罗比·罗伯逊（Robbie Robertson）认为我们正在经历第三次全球化的浪潮，新的信息和沟通技术以及持续发展建设的基础设施和交通节点变得可行，文化传播的现象得以更加快捷地实现。旧的港口地区被认为位于新的城市景观中策略性的位置，可以作为联系本地网络以及全球网络的中间介质。文化传播的现象在水岸新区建设中蔓延，从而呈现出相似的城市景观。在纽约曼哈顿、上海陆家嘴水岸新区都能找到默兹河南岸新区的影子。这块代表着"新鹿特丹"的现代性水岸新区，通过城市大型项目的方式得以实现，也不可避免地创造了相似的全球城市的文化奇观。居伊·德波（Guy-Ernest Debord）曾指出：奇观已经蔓延渗透到所有现实中，虚假的全球化现象也是对全球的伪造[10]。现代城市语汇里，这种奇观指的是闪闪发光的摩天大楼、高架公路或者标新立异的建筑。引人瞩目的空间形象可以带来巨大的社会和经济效益，甚至可以极大地促进休闲购物、城市旅游等消费活动的发生。无疑，奇观是对地域性文化最强烈的冲击，同时也伴随着消费商业社会中"身份创造"的问题[11]。

作为全球的文化现象[12]，这样相似的消费城市奇观似乎在众多的水岸实践中都可以找到线索。例如上海的陆家嘴[13]、徐汇滨江（今西岸）[14, 15]、伦敦的道克兰码头[16]、新加坡的滨海湾[17]、巴塞罗那[18]、阿姆斯特丹的东港口（KNSM 岛）、汉堡港等。水岸大型项目，通常都会通过创造标志性的建筑、引入文化和艺术机构、打造高端的商业办公及居住区等来实现。在社会层面，基于创造就业，拉动经济，增加全球旅游，扩大全球城市影响力等社会目标，当然也容易引发士绅化、地价飙升、阶层隔离等问题。水岸再生本身的复杂性与矛盾性[19]，引发了"边缘或中心"的双重含义，这不仅仅是地理空间上的概念，更是社会空间上的。

1.2　国内外水岸再生研究现状

1.2.1　国外水岸再生研究现状

在全球城市更新的过程中，水岸再生的项目已经变得司空见惯，水岸开发的研究在西方兴起于 20 世纪 60—70 年代，并在 80—90 年代成为了一个全球性的现象。布林和里格比（Breen 和 Rigby）[20, 21]、福克（Falk）[22-24]、迈耶（Meyer）[25]、布鲁托梅索（Bruttomesso）[26]、德福（Desfor）[27]、海因（Hein）[28]、马歇尔（Marshall）[29]、史密斯和费拉里（Smith 和 Ferrari）[30]都对已有的积极成果提供了框架，同时也强调了一些更为紧迫的挑战并提出了自己的研究框架。

　　已有大量文献说明、展示并分析了世界范围内的滨海区再生和发展的过程。主要国际滨水再生项目的汇编由布林和里格比在 1996 年提出[20]，其中包括了世界范围内有关滨海再生的案例研究，并围绕分类的主题进行组织。其他几本非常重要的著作[27, 29, 31, 32]，着眼于分析大量的具体案例并基于相关学术会议成果，反映了此类活动的丰富性。

　　早期水岸更新的研究比较关注航海技术改变对于港口空间变迁的影响，应用经济学、地理学的方法，往往不是关注土地利用的模式和问题（在时间和空间上），就是关注港口设施和贸易结构的发展和特点。其中几项著名的研究为：

　　1963 年伯德（Bird）的《英国的主要海港》（*The Major Seaports of the United Kingdom*）[33]，1971 年的《海港和海港码头》（*Seaports and Seaport Terminals*）[34]；1973 年梅耶（Mayer）发表的文章《海运技术变化的一些地理方面的问题》（*Some Geographical Aspects of Technological Changes in Maritime Transportation*）[35]；1981 年霍伊尔和平德（Hoyle 和 Pinder）编著的《城市港口工业化和区域发展：空间分析和规划战略》（*Cityport Industrialization and Regional Development: Spatial Analysis and Planning Strategies*）[36]；1984 年霍伊尔和希灵（Hoyle 和 Hilling）编著的《海港系统和空间变化：技术、工业和发展战略》（*Seaport Systems and Spatial Change: Technology, Industry, and Development Strategies*）[37]；1996 年霍伊尔（Hoyle）编著的《城市港口、沿海地区和区域变化——在规划和管理方面的国际视野》（*City Ports, Coastal Zones, and Regional Change — International Perspectives on Planning and Management*）[32]一书。

　　在伯德之后，出现了更具批判性的水岸再生研究，这些再生项目反映了经济转型和城市化进程中的全球趋势[38]。此外，有关水岸再生的更深层次分析倾向于着重某个特定的方面，如交通[31, 32]或特定的区域[39]。也有许多学者根据既定的理论框架或方法进行了更广泛的分析，如马龙（Malone）[40]从后结构主义的批判观点出发探讨了从业者更关心的经济、政治因素的影响，采取政治经济学的方法探索城市、资本与水之间的关系，认为"水岸不是一个独特的城市发展领域，而是一个采用当代形式共同演进的城市边界"，并且暗示这些区域成为"……资本的力量目前正以一种新的伪装进行运作的场所"。这种分析导致把水岸再生作为"城市大型项目"的一种形式[41]，与放松经济管制、利润最大化、放松规划和引入"流线型的"政府治理结构相关联。

在 20 世纪末研究的关注点才转移到港口（水岸）和城市界面关系的探讨（Port-City Interface）与政策层面，以及水岸荒废所带来的问题和随之而来的荒废地区再开发的需求。此外，更多的研究开始关注滨水区临界空间在城市转型和变革过程中发挥着的特殊作用。舒伯特（Schubert）[42]、海因[28]、肖（Shaw）[43]都指出水和城市相遇的边缘见证了与全球经济发展、技术变革和当地愿景相关的一系列创新、实验和发展阶段。事实上，许多学者都已经详细讨论了港区和相关水岸开发区域的振兴，例如雷恩（Wrenn）[44]、霍伊尔[38, 45]、特雷（Torre）[46]，以及更近的布拉伊迪（Burayidi）[47]、马歇尔[29]和美国城市土地协会（ULI）[48]，所有这些都广泛记载了港口与城市界面之间的变化关系，港口城市社会经济特征的变化，并强调了其所带来的再生机会。此外，还有学者从水域生态[49]以及水域休闲与旅游业发展[50]等角度进行研究。

进入到 21 世纪，对于水岸的研究呈现出研究视角多样化的状态，以韩·迈耶（Han Meyer）发表于 1999 年的专著《城市与港口——城市规划作为一种文化事业在伦敦、巴塞罗那、纽约和鹿特丹：城市公共空间与大型基础设施之间变化的关系》[25]为起点，通过文化分析的视角对水岸城市空间规划的过程进行了叙述，随后涌现出了加斯提（Gastil）[51]、卡莫纳（Carmona）[52, 53]、费雪和本森（Fisher 和 Benson）[54]、柯科特（Kokot）[55]、格拉夫与蔡明发（Graf 与 Chua Beng Huat）[56]、瑞安（Ryan）[57]、德福[27]、史密斯和费拉里[30]、赫什（Hersh）[58]、马赫（Mah）[59]、卡塔和罗西瓦勒（Carta 和 Ronsivalle）[60]、波菲里欧与塞佩（Porfyriou 和 Sepe）[61]、巴巴利斯（Babalis）[62]等的研究。

水岸也曾在城市社会学著作中作为研究对象，如哈维（Harvey）[63]、卡斯特（Castells）[64]和索亚（Soja）[65]的著作中。然而，基于清晰的理论框架对滨海区域发展进行分析的成果（即从国际视野出发又聚焦于某个具体地区）往往发表于专业学术期刊，对于普通公众，甚至专业人员来说，这些论文公开性差，不容易获得。除此之外，布朗尼尔（Brownill）[66]从新自由经济的角度对水岸开发进行分析；琼斯（Jones）[67]从水岸文化发展范式的角度进行研究，总结过去水岸发展的文化经验并提出未来成功开发的范式；肖[43]也在其研究中概述了水岸发展的几个阶段。

同样地，近几十年来，在港口研究中比较研究的方法以及识别港口系统中共同的结构、机制以及过程得到越来越多的重视。尽管每一个港口城市在其自身的地理、政治、经济、技术环境中保有自身的特征，并且因此发展出了自身独特的问题与复杂性，然而这样的每个城市港口都或多或少地代表了具有类似地理位置港口的总体趋势，并反映了全球性的因素，而不仅仅是地方性因素[68]。

在对上海进行城市研究的大量海外著作中，都提到了黄浦江两岸的发展[69-73]，其中包括：科斯塔（Costa）研究并列举了上海外滩、陆家嘴、波士顿水岸、巴塞罗那等世界著名水岸，并作出了对比[73]。马歇尔在《后工业城市的滨水区》（*Waterfronts in Pos-industrial Cities*）一书中将上海的水岸开发与毕尔巴鄂作了专题对比《重塑毕尔巴鄂和上海的城市形象》（*Remaking the image of the city Bilbao and Shanghai*）[74]，并在《新兴城市：亚太地区的全球城市项目》（*Emerging Urbanity: Global Urban Projects in the Asia Pacific Rim*）一书中以《中国的焦点——上海陆家嘴》（*The Focal Point of China-Lujiazui, Shanghai*）为题对陆家嘴地区作出了专篇的研究[75]。

格拉夫与蔡明发编辑的《亚洲和欧洲的港口城市》（*Port Cities in Asia and Europe*）一书中收录的《不断变化的滨水区：新加坡、香港和上海港口和滨水区的城市发展与转型过程》（*Ever-Changing Waterfronts: Urban Development and Transformation Process in Ports and Waterfront Zones in Singapore, Hong Kong and Shanghai*）[76]一文将上海、香港与新加坡的水岸进行了比较研究。

《滨水区：水上城市的新前沿》（*Waterfronts: A New Frontier for Cities on Water*）、《重访滨水区：历史和全球视角下的欧洲港口》（*Waterfronts Revisited: European Ports in a Historic and Global Perspective*）、《全球化与城市港口：南半球城市港口的反应》（*Globalization and City Ports: the Response of City Ports in the Southern Hemisphere*）三本书中分别收录有《上海滨水区发展规划》（*Planning the Waterfront Development in Shanghai*）[77]、《中国城市滨水区的再生：上海外滩的重生》（*Regenerating Urban Waterfronts in China: The Rebirth of the Shanghai Bund*）[78]、《上海，一座寻找新身份的港口城市：城市与港口间的外滩转型》（*Shanghai, a Port-City in Search of New Identity: Transformation in the Bund Between City and Port*）[79]三篇对上海水岸发展进行研究的文章。

《上海浦东：全球与地方互动时代的城市发展》（*Shanghai Pudong: Urban Development in an Era of Global-local Interaction*）[80]和《全球化和城市变迁：资本、文化和环太平洋大型项目》（*Globalization and Urban Change: Capital, Culture, and Pacific Rim Mega-*

Projects)[81]两本专著对上海浦东进行了专题研究。《城市设计：程序和产品的类型学》
(*Urban Design: A Typology of Procedures and Products*) 一书中收录了陆家嘴和外滩的
例子[82]。

1.2.2　国内水岸再生研究现状

水岸再生的国内相关文献更多地关注设计策略，较少注重水岸再生的历史性梳
理。还有一部分更多地涉及水岸景观规划与设计以及水环境、生态等问题，而比较
少地关注水岸开发的机制与策略。以历史性叙事的方式对于文化层面的探讨更是少
之又少。对于黄浦江两岸水岸开发历程历史连贯性探索的相关文献几乎为空白，更
多的是对于单个水岸片区的集中研究。国内水岸研究文献在城市物质空间设计层面
上均已有相对成熟与丰富的研究成果，然而对黄浦江水岸发展的城市历史和文化性
挖掘较少，这为研究提供了可补充的空间。

20 世纪 90 年代初，同济大学建筑与城市规划学院刘云教授主持完成了一系列
滨水地区的专题研究项目，最重要的是关于上海苏州河滨水区环境更新与开发研究；
指导了博士论文《城市滨水区复兴的策略研究》[83]以及多篇硕士论文，积累了丰富
的滨水区研究成果。1996 年，李麟学在刘云教授的指导下完成同济大学硕士学位论
文《城市滨水区空间形态的演化与更新》，分析了滨水地区演化过程中的空间形态的
整合，力求提出一个广泛的设计和操作的纲要。1999 年，李翔宁在卢济威教授的指
导下完成同济大学硕士学位论文《跨水域城市形态及金华总体城市设计研究》。1999
年，翁奕城在金云峰副教授的指导下完成同济大学硕士学位论文《城市滨水区开发与
城市设计》。此外，郭卫东的硕士论文《城市港口区再开发》从总体上探讨了世界城
市港口工业区再开发的背景和内在动力，回顾了西方港口再开发实践五十年的历史
进程，以产业建筑的再利用为线索，把再开发历史划分成了三个阶段，分别对北美、
欧洲、澳洲和亚洲的典型案例进行了归纳[84]。2012 年，孙晨菲在周俭、曹曙教授的
指导下完成同济大学硕士学位论文《城市中心区滨水空间规划研究——以上海黄浦江
沿岸滨水空间为例》。2010 年，王瑾瑾在李麟学教授的指导下完成同济大学硕士学位
论文《城市滨水区开放空间设计研究——以柏林与上海为例》。

同济大学城市规划系的张松和上海交通大学建筑系的陆邵明在关于上海黄浦江
两岸的发展研究方面都具有较突出的贡献。张松的研究成果集中在对于历史建筑的

保护以及工业遗产的再生等方面[85, 86]；而陆邵明的研究则集中在对于黄浦江码头的历史发展以及当今再利用等方面提出了技术层面的操作手法，也强调了码头对于上海城市文化的意义[87]。刘滨谊等从设计层面提出了生态化、人性化的设计方法[88]。此外，同济大学建筑系的章明、张斌、李麟学等也在黄浦江、苏州河滨江工业遗产改造方面具有丰富的实践经验及学术探索。丁凡、伍江出版学术专著《水城共生：城市更新背景下上海黄浦江两岸文化空间的变迁》，从文化变迁的角度理解上海黄浦江两岸的水岸发展[89]。此外，两位学者还发表有大量关于全球范围内的水岸再生脉络[12, 16, 19, 90]以及与城市更新的关系[90, 91]、上海黄浦江水岸发展[13, 14, 92]以及国内外水岸再生经典案例[17, 18, 93]的学术论文。

此外，王建国院士与吕志鹏撰写的《世界城市滨水区开发建设的历史进程及其经验》一文从总体上探讨了世界城市滨水区开发建设的背景和内在动因并引发了广泛的引用[94]。张庭伟[95]、王诺[96]、王绪远[97]等学者也系统性地梳理了世界范围内具有典型意义的老港改造和滨水开发范例。在城市滨水区空间规划层面，刘伟毅[98]、王劲韬[99]、王世福[100]等学者也出版了相关的著作。

在政府相关部门的出版物中，2010年由上海市黄浦江两岸开发工作领导小组编著的《重塑浦江：世界级滨水区开发规划实践》一书系统性地回顾了浦江综合开发的背景、目标和取得的成果[101]；2012年由徐毅松担任主编，上海市规划和国土资源管理局、上海市城市规划设计研究院合作编著的《浦江十年：黄浦江两岸地区城市设计集锦（2002—2012年）》，较为完整地展示了十年以来黄浦江两岸地区规划和开发的成果；上海市规划和自然资源局出版了《一江一河：上海城市滨水空间与建筑》[102]；上海市住房和城乡建设管理委员会编写了《把最好的资源留给人民：一江一河卷》[103]。

在建筑与城市影像记录领域，吴建平编著的《浦东人家：1997—2006十年变迁图志》以城市影像的方式记录了1997年始浦东十年的变迁历程[104]；《上海东西：浦江两岸城市空间》中摄影师沈忠海以照片的形式记录了上海黄浦江两岸城市空间的变迁[105]。

1.3 国内外城市更新研究现状

1.3.1 国外城市更新研究现状

另外一部分的水岸再生研究存在于城市更新的专著中。在城市更新的大框架下，水岸再生作为一个极为特殊且典型的例子存在着。从更广泛的意义上而言，滨水区的开发属于城市更新的一部分。

在城市更新的著作中，不可避免地会将其水岸再生作为一个研究类型来进行讨论。文献中出现的一个普遍观点是，水岸再生是城市重建的一种特殊形式，也是城市重建的一个机遇。在某些文献中，甚至定义滨水区再生为"推动城市未来发展的主要动力"[106]。虽然"城市建设"的观点因暗示"城市是由专业建筑人员建造的"[107]〔这里的意思与亚历山大提出的 Artificial City 相似，与 Natural City 相对（a city is not a tree）〕而遭到批评，但基于以下两个原因，本书认为其是有用的。第一，"城市建设"[107]可能确实更好地描述了城市建造与改变的各种过程，而且本书原则上是（但不仅仅是）面向从专业角度关注建筑环境成果的读者。第二，兰德里（Landry）对"建设"一词的解释过于狭隘，他没有意识到该词也可以用来表示伴随着城市建成环境的创造以及城市全生命周期的"社会建设"的活动和过程，"社会建设"还包含"建设信任""建设关系"等活动及过程在内的社会生活。换句话说，"城市建设"更整体的解释也许更具一般性。

当然，如果城市建设就是它本身所指的那样，那么有关滨水再生及发展的意义及实践案例的论文或观点就不仅仅只会在特定关于滨水区的出版物上发表。滨水区再生及发展目前倾向于建造"城市中的碎片"（Pieces of City），其建设过程及成果都十分复杂和多样。这种观点产生了大量相关的文献，其中包括城市发展、土地与市场经济、城市社会学、城市规划、城市设计及建筑等与滨水区有关的话题，其话题的范围还在不断扩大中。美国城市设计师罗杰·特兰西克将对环境和使用者毫无益处的、需要重新设计的城市空间描述为"失落的空间"[108]，如城市中无组织的景观、脱离步行活动无人问津的下沉式广场、闲置的河岸等，这些"失落的空间"使城市变得冷漠孤立。

这些文献资源可以为本章开始所提出的一些问题给出部分解释，但是一个更加集中在物质和社会层面的方法，以及发生在城市建设中的协商过程对于"建设"这些城市地区的更整体的理解还是必要的，以帮助未来从业者作出决定和制订方案。水岸更新还与城市更新、工业遗产改造、文化、娱乐、旅游、事件、城市形象等方面的大量研究相关联。

在历史文化遗产保存与工业遗产改造层面，史蒂文·蒂耶斯德尔（Steven Tiesdell）

所著《城市历史街区的复兴》一书（*Revitalizing Historic Urban Quarters*）对北美和欧洲一系列历史街区振兴案例的分析展示出多样性的城市振兴策略及其成果[109]。卡罗尔·贝伦斯（Carol Berens）编辑的《工业场地再开发：建筑师、规划师和开发商的指导书》（*Redeveloping Industrial Sites: A Guide for Architects, Planners and Developers*）一书中认为重建工业区为解决复杂的城市规划、设计和融资问题提供了解决方案[110]。唐纳德·K.卡特（Donald K. Carter）编辑的《重建后工业城市：北美和欧洲的经验》（*Remaking Post-Industrial Cities: Lessons from North America and Europe*）一书考察了大西洋两岸20世纪80年代后工业城市的转型，为恢复后工业城市提供了一个整体性的框架[111]。

2001年由迈克尔·A.布拉伊迪（Michael A. Burayidi）编辑的《城市内城：振兴小城市社区的中心》（*Downtowns: Revitalizing the Centers of Small Urban Communities*）第三部分水岸和水岸棕地的重建的专题中，科特瓦尔（Kotval）与穆林（Mullin），穆林与西蒙斯（Simmons）分别撰写了《水岸规划作为对市中心增强和宜居性的战略性鼓励》（*Waterfront Planning as a Strategic Incentive to Downtown Enhancement and Livability*）[112]以及《威斯康辛州福克斯河谷城市棕地恢复及水岸再开发》（*Brownfield Restoration and Waterfront Redevelopment in Wisconsin's Fox Valley Cities*）[113]，罗伯逊（Robertson）也在此书收录的《小城市市中心发展原则》（*Downtown Development Principles for Small Cities*）一文中提出了内城的发展要与水岸相结合的观点[114]。

在文化政策与城市更新层面，1993年，比安奇尼（Bianchini）与帕金森（Parkinson）编辑的《文化政策与城市更新：西欧城市的经验》（*Cultural Policy and Urban Regeneration: The West European Experience*）[115]一书中，介绍了西欧城市更新中的文化政策，20世纪90年代城市中的文化与冲突，并收录了众多以文化为特征的城市更新案例，包括格拉斯哥、鹿特丹、毕尔巴鄂、汉堡、利物浦等，这些城市同时也因"水岸城市"的身份而闻名。2009年由帕迪森（Paddison）和迈尔斯（Miles）编辑的《文化引导的城市更新》（*Culture-Led Urban Regeneration*）一书中指出文化是城市追求提升自己的竞争地位的新正统性的一部分[116]。2007年由梅兰妮·K.史密斯（Melanie K. Smith）编辑的《旅游、文化与更新》（*Tourism, Culture and Regeneration*）一书通过对欧洲、南北美洲的文化再生计划与管理案例的研究，探讨了文化与旅游在城市转型中的作用，包括滨水区和码头城市的文化更新等[117]。安德鲁·史密斯

（Andrew Smith）编辑的《事件和城市更新：振兴城市的策略性事件》(*Events and Urban Regeneration: The Strategic Use of Events to Revitalise Cities*) 一书从文化事件与活动的角度对城市更新进行了研究[11]。

此外，还有大量学者较为系统地对城市更新关键理论与实际问题的全球视野[118-123]、欧洲视野[124]、英国本土[125-128]，城市更新与社会可持续[129]，城市更新与气候变化等角度进行研究，指出城市更新是全球性的、复杂的、多方面的[123]，同时城市更新的跨文化的实践对理解世界复杂的城市背景具有独特的意义[130]。

1.3.2　国内城市更新研究现状

国内城市更新研究领域，王世福[131]、田莉[132]、朱介鸣[133] 等学者针对广州、深圳等地区的城市更新方式和机制进行了深入研究和探讨。阳建强的《现代城市更新》《西欧城市更新》两本著作分别对现代及西方城市更新发展脉络进行了梳理[134, 135]，其还梳理了中国城市更新的现况、特征及趋向[136]，并对城市更新的理论和方法展开了研究[137]。此外，罗斯曼[138]、丁凡和伍江[139]、董玛力等[140]、李建波和张京祥[141]等学者都对西方城市更新进行了探索，而丁凡和伍江[142]、匡晓明[143]、吴炳怀[144]、周俭[145]、庄少勤[146]、彭再德和邹万里[147]、程大林和张京祥[148]、翟斌庆和伍美琴[149]对基于上海等中国城市现实的城市更新提出了建议与对策。黄鹤[150] 对西方城市文化政策主导下的城市更新的发展历程和模式进行了归纳总结，并对其成效和问题进行了评述。伍江强调了公共艺术在城市空间更新中的介入[151]。单霁翔也认为未来的城市将从"功能城市"走向"文化城市"[152]。

2007 年，叶贵勋担任主编，上海市城市规划设计研究院合作编写的《循迹·启新：上海城市规划演进》从城市规划角度介绍了上海的建制沿革以及城市建设的发展历程，收录了各个时期上海城市发展的地图。

2015 年，上海出台了《上海城市更新实施办法》（简称《实施办法》）和《上海城市更新规划土地实施细则》，其中对"城市更新"的定义为对本市建成区城市空间形态和功能进行可持续改善的建设活动。这标志着上海已经进入以存量开发为主的"内涵增长"时代，上海正式进入了城市更新的新时期。

2021 年 9 月，上海实施的《上海市城市更新条例》为各地提供了借鉴。该条例建立健全了城市更新公众参与机制，充分保障公众知情权、参与权、表达权和监督权。[153]

1.4 目的及意义

水岸再生作为城市更新的一种特殊类型，在城市的整体发展中发挥着重要的作用。对于水岸再生与城市更新的研究在国内外都已经有了丰硕的积累，这为本书的研究奠定了扎实的具有参考性的基础。对于上海而言，黄浦江和苏州河在上海城市发展中占据着重要的地位，承载着上海历史和文化的变迁。同时，在全球化的时代，作为链接全球与本地的特殊城市区域，水岸也是最能体现全球和本地文化交融再生的区域，因此将全球与在地的视角引入到水岸研究中来是十分必要的。同时，世界范围内的水岸再生有着自身的发展规律、阶段及特征，了解世界经典的水岸再生实例，对于上海本地的水岸发展具有重要的借鉴意义。上海未来的城市发展面临着"一江一河"等重要的时代命题，水岸再生在未来一段时间内依旧会是上海城市发展的重心，因此理解城市更新与水岸再生具有极强的现实意义。

第 2 章
水岸再生——后工业城市更新的一个全球化的现象

2.1 伴随着全球化浪潮的世界水岸发展背景

2.1.1 全球化背景下的水岸发展

西方发达国家经历了第二次世界大战后的工业崛起，滨水码头区带动沿河沿海城市蓬勃发展，港口码头数量及规模迅速扩增，在 20 世纪 60 年代达到顶峰状态。随后，西方城市历经信息化冲击、工业转型、经济动荡和城市内陆基础设施发展及后工业时代来临等一系列社会变革，工业港口码头随之衰落，许多被废弃和闲置。这些被废弃的基地，都具有紧邻城市中心、占地面积庞大、废弃工业建筑密布和不易完整拆除的特点。而正因为滨水码头占据了城市最有利的区位和大尺度的空间遗留，遂成为再生过程中构筑城市公共空间的最优选区域。

经济学家康德拉季耶夫（Kondratieff）的长波理论（Long-Wave Theory）认为 19 和 20 世纪的城市发展可以划分为五个阶段。

（1）1782—1845 年：能源革命，新的城市崛起以及经济功能得到释放。

（2）1846—1892 年：基础设施时代，扩张的发展中的城市结构被吸收进演化中的区域和国家城市系统中。

（3）1893—1948 年：机动车的增加，以及经济活动的增强和集中化，为大都市区的形成奠定了基础。

（4）1949—1998 年：全球化以及国际化工业时代，伴随着办公时期的兴起。

（5）1999—2048 年：信息网络的时代，结构不断变化。

卡斯特[154]认为自从第二次世界大战之后，生产方式的国际化不断上升，去工业和再工业化的新兴进程开始影响城市空间。这些动力和不断增加的流动性和交换性，塑造了一个新的复杂而分散的经济形态，它需要控制交换信息的中心。经济变化的同时，第二次世界大战之后城市重建的进程开始发生，在每个受二战影响的国家内，都有实施贫民窟清理方案和对现有城市结构的重建。在这个时期，由于经济变化表现为生产中心的城市区域的衰落，郊区化和半城市化进程也可以被观察到，产生了繁荣和衰落同时存在的城市地区。

罗伯逊（Robertson）[155]认为我们正在经历第三次全球化的浪潮①，这开始于1945年并与第二次世界大战后的世界秩序相关联，在其中由美国引导了经济扩张。这次浪潮由于新的信息和沟通技术以及持续发展的基础设施和交通节点建设而变得更加可行。在第三次全球化的浪潮中，技术的改变——例如集装箱和建造更大的船只，以及工业活动（例如造船）向新兴的工业国家移动，使得港口的活动从城市核心转向了允许宽敞的仓储和处理区域到岸边或者水岸的深水区[156]，通常转移到更接近开放水域的地方或者是未开发的沿海陆地。

港口演变的全球性特征同样体现在伯德[34]提出的"任意港口模型"（Any Port Model）中。其列举了被高度认可的具有六个阶段的任意港口模型，来总结典型的港口长期发展过程。这个模型采取了形态学的方法来描述港口设置的物质演化，并且认为，随着时间的流逝，船舶需要更多的水位和更多的土地空间来容纳和处理货物。港口对此的典型反应是迁移到更靠近入海口的河流下游，这个过程有时候会涉及相当远距离的搬迁[34]。另外，随着新技术的运用，铁路、天然气、电力供应商、港口等行业开始能够以较少的员工和较小的土地开展工作，将城市原有市中心区域释放出，用于其他用途。特别是，运输行业因使用集装箱化、较大规模的船舶和道路运输等新技术，导致原有港口内大型铁路编组站空置[40]。除此之外，由于上述世界范围内的市场和技术条件的变化，在后工业时代，现代港口的商业活动不再需要直接地与市场的社会接触，这也促使港口的活动转移到了远离城市中心的区域。同时，技术的改变以及运输系统的组织导致了港口功能的改变以及港口之间的竞争[157]（图2-1）。

---

① 前两次分别是1500—1800年间葡萄牙和西班牙引导的欧洲商业贸易扩张以及19世纪英国和法国引导的帝国扩张。

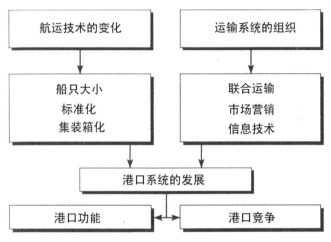

图 2-1　港口发展和竞争中的因素

（资料来源：作者根据相关资料[157]改绘）

随着西方国家传统制造业的衰落，随之而来的是产业转型及信息社会的崛起[64]。全球化以及国际移民带来了城市研究焦点的转移。全球城市被作为全球网络的中心节点进行分析，正如卡斯特[64]所说，不同的"流"（Flow）汇聚在一起，创造出了"流动的空间"，与"场所的空间"相对应。例如在全球化的浪潮中，温哥华涌入了大量的华裔人口，这也成为了其后期水岸建设的主要人力资本来源，使其水岸发展得以更加顺利地推进。主要的港口城市位于交通路径的节点上，同时也作为国际劳动力和贸易市场的示范性节点。作为普遍意义上的全球城市，它们之间具有高度的竞争性[158]。随着市场变得开放和更大，机会也增加了。因此，大规模的聚集自然而然地成为金融协调和发展的中心：城市已经成为新经济规划和推动的策略性节点[159]。为了提升它们在全球网络中的位置，当地政府一直致力于打造基础设施和城市政策来鼓励投资，以及建立新的企业，使劳动力市场和高端娱乐消费专业化，将城市重新定位为吸引全球移动投资者的真实或想象的兴趣点[159, 160]。在此过程中，滨水区的主要产业也随着重工业的没落，试图转型为第三和第四产业[161]。

在全球范围内，只要港口城市已经存在，其城市滨水地区的持续重建便会成为任何活跃的、日益增长的人类聚落应对经济和政治刺激以及技术变革的解决方案的基本组成部分。水岸再生是世界范围内城市获得成功的故事[20]。水岸的再开发是被认为是一个世界性的现象[162]。

2.1.2 港口与城市关系的演变

港口与城市关系的演变也经历了从整合到分离、从整体到碎片化的过程[25, 163, 164]。港口与城市界面关系的演进大致可以分为五个阶段（表2-1）。

港口与城市界面关系的演进 表 2-1

阶段	名称	示意图 （〇城市 ●港口）	时间	空间形态 （△城市 ▥港口 ▨再开发区域）	特征
1	仓库港口		古代/中世纪 到 19 世纪		原始的 港口与城市
2	中转港		19 世纪末至 20 世纪初		城市与港口 的分离
3	工业的港口		20 世纪中叶		现代工业 港口与城市
4	分散的港口 与信息网络 的城市		20 世纪 60— 80 年代		从水岸的 撤离

续表

阶段	名称	示意图 （○城市 ●港口）	时间	空间形态 （△城市 ▦港口 ▨再开发区域）	特征
5	水岸再生		20 世纪 60— 90 年代		城市中心区 水岸再开发

资料来源：作者根据相关资料[25, 163]绘制

　　阶段 1：古代/中世纪到 19 世纪。仓库港口：现代之前的城市港口，是交通路径的终点站。港口的基础设施在封闭的城市内部进行组织，货物在城市内部进行储存和交易，城市和港口之间呈现出空间和功能上的紧密联系，码头作为城市社会经济关系和国际贸易直接的空间反应。19 世纪，港口成为现代运输业的聚集地，是城市对外开放的场所。港口地区成为了各种网络集聚地；国际船运交通系统与当地城市网络相遇。19 世纪的大规模港口建设，代表了城市从封闭的体系转型为现代的、开放的体系。码头属于公共街道的一部分，同时也是公共城市生活以及最重要的城市管理、贸易和宗教信仰的中心。例如，威尼斯的圣马可广场，热那亚的卡卡门托（Caricamento）广场，阿姆斯特丹的水坝（Dam）广场。

　　阶段 2：19 世纪末至 20 世纪初。中转港：港口外迁，港口不再是城市中的一部分，而是紧挨着城市。货物流经城市，城市和港口的分离过程开始了。这个过程从 19 世纪末开始。新的贸易经济的出现以及新的交通运输方式，为城市的意义带来了根本性的改变。新的运输网络使得港口不再作为国际贸易的中心，而是作为运输链上的中转站。快速的商业与工业发展迫使港口的发展超越城市的范围，同时散货行业需要具有线形码头。在这种情况下需要重新定义城市、地景与基础设施的关系。

　　阶段 3：20 世纪中叶。工业的港口：位于功能性城市的旁边。货物在港区进行加工。工业增长（特别是炼油）和集装箱的引入，需要港口与城市空间继续进行分离。快速增加的现代蒸汽船只、与铁路连通的需求以及港口活动的调整（从储存与交易商品到快速传递这些商品），都需要一个新型的港口。此时，城市既有的商业精英阶层与以新型的运输为基础的经济之间的联系也消失了。

　　阶段 4：20 世纪 60—80 年代。分散的港口与信息网络的城市：城市与港口都失去了完整的形态。海事技术的变化促使各个海事工业领域的分散发展，大型现代港口消耗大面积的靠近海洋深水区的水陆空间，因此持续往近海区转移。发展大规模运输网络和当地网络之间的新型关系是这些新型部门的重要目标。伴随着城市中心区的水岸衰落，处理城市和旧港口之间新的规划思想被认真思考。

　　阶段 5：20 世纪 60 年代开始。城市内城的水岸再开发：伴随着城市去工业化进程的开始。此阶段与阶段 4 有重合，伴随着城市和新型港口形态的碎片化 ① 与城市组织关系的信息网络化，城市中心区的水岸也开始了自身的转型。港口被城市重新利用作为城市地景的一部分；城市也被港口利用作为物流组织和通信的潜在的神经中枢。城市、港口与景观进入了一个新的关系：它们一起构成了后工业时代新的城市地景。

　　在城市与港口关系的发展过程中，经济、环境、技术、政策以及法律等因素都起到了参与性的作用，这些因素包括全球层面和当地层面。它们一起促进了城市与港口空间关系的变更并重新塑造了旧港区的物质空间（图 2-2、图 2-3）[163，165]。其中，运输和货物装卸技术的过时和变化、去工业化、城市企业化这三个因素为水岸复兴的出现提供了必要的条件，其中后两个因素是主要的推动力 [166]。随之出现的现象还有：港口复兴城市的文化发展、生态可持续和文物及历史保护。

　　城市在开始建立、发展时，近水往往是选址的主要考虑因素。近水不仅是由于人类生存对水的依赖，而且有着交通上的原因。在历史上，不少城市的兴衰，都和航运交通有关系，自从产业结构发生变化，同时加上现代交通运输的技术进步，水体在交通上的影响也发生了变化。首先是老的、靠水运为主的工业在发达国家都出现了衰落。最早的滨水工业如面粉工业（运谷物）、燃煤发电厂（运煤），都已发生变化——或者生产技术流程变化了，或者因单个工厂效率的提高，不再需要大量的中小工厂，这样，原先占有沿水地区的工业用地便空置出来。其次，世界经济的全球化，使一些工业迁到发展中国家，例如美国的不少制造业迁到墨西哥，城市里的工业地区，包括滨水工业地带，都出现空置。第三，在航运交通上，由于高速公路

---

① 社会学家列斐伏尔借用原子物理术语对城市过程作了有力的比喻：内爆和外爆（implosion/explosion）。前者描述人口、活动、财富、货物、物体、工具、手段和思想集聚的城市现实，后者描述许多分散碎片的投射，例如边缘、郊区、度假屋和卫星镇等。

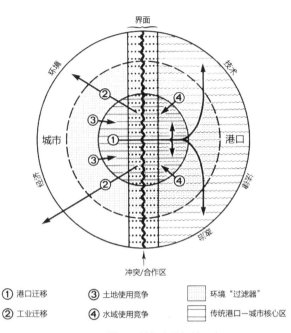

图 2-2　港口—城市发展相关因素

（资料来源：作者根据相关资料[163]改绘）

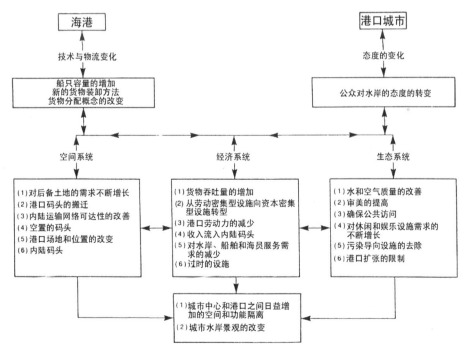

图 2-3　港口—城市界面的趋势和发展

（资料来源：作者根据相关资料[165]改绘）

和集装箱的兴起，内河水运本身就出现衰退。同时，技术进步使码头作业的效率提高，而用地却减少了。高吨位的大型集装箱船需要水位更深的泊位。于是，港口都向入海口迁移，使原先浅水的内港区闲置不用。如美国费城的港口，是 19 世纪 60 年代新建的，到 1955 年却正式停止使用，原因是港口的水深不再能满足巨型货轮的吃水深度要求。凡此种种，都是因为城市内的滨水工业及交通用地出现闲置待用。在经济结构转型后发展起来的高科技新工业，不少建在郊区，而不是利用空置的原来的旧工业用地，于是，滨水地区的工业用地、港口用地、铁路用地都大量空置，需要寻找新的用途。

另一方面，城市总是在寻找新的发展机遇，土地是提供发展机遇的要素之一。利用空置的工业、交通用地作开发，可以节省大量的财力和精力。因为不需要动迁居民，而政府又愿意将空置的滨水土地以低价提供给开发机构，开发机构也愿意利用这个机遇来推动开发。正是由于滨水地区相对的低地价和优良的区位，使各国大城市都纷纷转向滨水地区的开发。政府希望以滨水地区的开发来带动城市经济的发展和振兴。在发达国家，这和后工业社会中第三产业的兴起有直接关系，这是滨水地区开发的大背景 [95]。

旧港区作为新的城市地景的一部分，在新时期的城市更新中被认为具有策略性的地位，具有引领实现居住功能和交通功能新的关系以及本地网络和全球网络之间的联系的作用 [25]。水岸区域作为介质代表了：世界与本地、过去与现在、中心与边缘……是多个双重对立性空间系统间紧张关系的永恒来源。

2.2　水岸再生发展阶段的划分

2.2.1　水岸再生的发展阶段

1. 第一阶段（20 世纪 60—70 年代）

历史上的西方国家，城市围绕水岸而发展起来，因此，水岸一般位于城市内城的中心区域。在美国，二战后内城的衰落加速，高速路的建设引导人们向郊区迁徙，郊区化现象严重，而水岸则逐渐沦为人们避之不及的场所。20 世纪 60 年代开始，城市开始着手振兴久经荒废的滨水区，期望能够借此重新振兴荒废已久的内城。最初，在主要滨水区对工业建筑进行改造的态度是谨慎的。对历史结构的彻底修复还是采取大拆大建的手法，这与当时城市更新的手法是相一致的。例如 20 世纪 70 年代早期出现的北美五大湖和其他区域的一系列清理行动（Clean-up Operations）。水岸地区成为内城复兴的前沿空间 [167]。

北美第一代滨水区复兴计划始于 20 世纪 60 年代中期，如巴尔的摩、波士顿和旧金山等城市。这些城市的港口区域首先开始出现废弃和未充分利用等问题。由于这些项目代表了新型规划项目，"边学边做"（Learning By Doing）的方法经常被采纳。新方法经常涉及旅游设施、酒店和办公楼。在滨水区建设办公楼和休闲设施的结合体成为流行的滨水区复兴措施。这种过程发生在一个管制宽松的环境中，引起很多港口城市的"模仿"。想法一致的建筑师、规划师和开发商支配了景观，但是也出现了许多对于水岸沿线的新型"混凝土窗帘"（Concrete Curtains）的批评。

在第二次世界大战前，巴尔的摩港口贸易发达，因钢铁和石油化工等主导产业而繁荣。二战后，世界经济结构发生变化，重工业逐渐衰退，商船和货船的转移，商家的纷纷迁出，导致内港区楼宇空置、日益萧条，巴尔的摩内港成为一个衰败的地区象征。巴尔的摩城市规划部门致力于滨水区的开发 [168]，同时它有一个富有远见和精力充沛的指挥者——一位同样坚定和强大的市长。最初的目标在内城地区，在发展过程中则将内城地区与滨水区的再开发结合起来。1964 年巴尔的摩发展概念性规划完成，标志着内港区正式开发的开始。城市开发项目包括市政府大楼的重建、查尔斯中心向内港区海边的扩建、高层和低层居住建筑的兴建、将内港区的海岸线向公众开放等。规划还包括建设从市中心到滨水地区的步行街、沿内港的海滨散步道，改造水边的公园和观景点。

政府部门意识到，存在的问题在于滨水区开发的规模过于庞大，以至于私人部门不能独自承担，于是批准了大量的公共基金作为私人投资的种子基金。这项工程由高度集权的政府所掌控，并将邻里发展和经济发展融为一个部门。1965 年非营利的查尔斯中心—内港开发管理公司（The Charles Center-Inner Harbor Management，Inc.）成立，负责协助内港区的项目开发。数百万的公共和私人投资被投入使用，使得港口具有竞争力，并且提升了其在国际市场投资中的地位 [168]。随后的滨水区开发建造了一系列的"旗舰项目"，最初是港湾节日市场（Harbor Place）的开发以及一个新的水族馆。其中，港湾节日市场的新建，受益于 20 世纪 70 年代政府所获得的旅游业资金，它的建成极大地刺激了内港的繁荣。随后，内港的功能逐渐扩展为包括会议中心、大型与小型酒店、办公大楼、节日市场、划桨船、科学博物馆、大型公园、餐厅、主要水族馆、渡轮、游船、公寓、公共艺术装置、棒球场和新开设的生物技术研究中心，所有这些设施都位于一个约 10.7m 宽的砖砌散步长廊上，该散步长廊在水边处开放，围绕着小型港湾盆地，是扩大的海港走道的一部分，这些共同形成了独特的城市面貌。高品质的基础设施使得原本私人所有和公众无法到达的内港湾变得开放了，使得当地社区有了多种用途并且为此区域嵌入了地域性的意识，为未来的发展创造了吸引力。内港的开发中也有呼吁修复商业地产的计划，将废弃的仓库进行功能转换，建造新的住宅以及提升水的品质，并且增加沿岸和水体的娱乐使用等，展示了对于新与旧之间的平衡。

经过 50 余年的内港环境改造与产业全面更新，巴尔的摩内港区获得了巨大成功。更新计划将其功能定位为文化、休闲及观光旅游，并努力塑造成无可取代的都市特色景观及水岸休闲资源，使得巴尔的摩在 1980 年发展成为接待 800 多万观光人口的旅游重镇，彻底改变了都市风貌，挽救了城市的产业危机。巴尔的摩的海滨转型可以解释为：一个独特的美国城市在历史的特定时刻，由独特的商业和政治领导汇聚在一起的故事，影响范围扩散到其水体上游的切萨皮克湾（Chesapeake Bay）。内港的功能得到重组，服务于市中心的商业社区和主要的旅游人口，今天很难想象其在 20 世纪 60 年代存在衰败的状况 [20]。同时，巴尔的摩的内港复兴计划为解决内城衰落问题提供了创新方案、注入了新动力，成为后工业时代开端滨水区更新最完整的范例之一。在此之后，滨水区改造成为后工业时代的标志性象征。

巴尔的摩内港成为受模仿次数最多的美国城市更新和水岸再生的现代典型案例。各个国家的众多城市纷纷表达了要成为"像巴尔的摩一样"的目标，其中包括悉尼和巴塞罗那等重要城市。悉尼的达令港口（Darling Harbor）项目有意识地模仿巴尔的摩内港，巴塞罗那官员承认，他们的老港口项目也是对于巴尔的摩的模仿。在此基础上，布宜诺斯艾利斯的马德罗港（Puerto Madero）也向巴塞罗那寻求灵感。在巴尔的摩内港的更新中，城市营销也是另一个重要的议题，在城市竞争中推广滨水区成功复兴的经验，"将海岸线归还人民"的策略是内城成功更新的一部分。该项目基于共享式风险管理方法，将私营和公共部门之间的责任分割开来。形成对比的是，港湾公共区域的发展和商业蒸蒸日上与邻近市中心的进一步衰落同时发生 [169]。

1959 年，波士顿宣布了一系列城市重建计划，其中，最主要的是滨水地区的重建计划。市政府成立了城市重建局（Boston Redevelopment Authority，简称 BRA）[①]，作为一个专门的、综合性的机构，它只承担改造查尔斯顿港（Charlestown Harbor）的任务。波士顿的滨水区振兴始于两座旧建筑的改造——法纳尔大楼（Faneuil Hall）和昆西市场（Quincy Market）。它们起初位于水岸边，但是由于 19 世纪的填海造陆项目而远离了海岸线。两座建筑在 1976 年作为购物中心被重新开放。这是将港口设施重新安置，并将城市重新向海洋推进的起点，也是复兴旧码头区的机遇。该区域建设了公寓、一幢酒店、一间水族馆和办公楼，逆转了波士顿市区的颓势。一条高架公路将滨水区与市中心切断，同时修建了一条隧道，建立了连接滨水区和市中心与市政府的新公共区域。这曾经是美国造价最昂贵的基础设施建设项目之一，为滨水区带来了许多新机遇。市中心滨水区被重塑，同时，附近的港口地区也开始了进一步的工程项目。北方大道（Northern Avenue）沿线兴建了大型会议、展览中心和酒店，营造了"新波士顿"的形象（波士顿在 20 世纪 80 年代经历了"大开挖"的工程，将 20 世纪 60 年代建造的高架路埋入地下，开启了新一轮的滨水复兴）。在市中心北部的查尔斯镇，原造船厂已被改造成房屋和码头散步道。

同时，这个时期也是抛弃之前被普遍认可的现代建筑的开端。现代建筑没能形成场所感，也没有对城市结构肌理设计给予充分的、创造性的关注。人们逐渐认识到历史建筑遗产的价值以及其在全球化挑战下对于重申地方和国家认同的重要性。1965 年在旧金山渔人码头劳伦斯·哈普林（Lawrence Halprin）和他的同事与城市设计师贝尔纳迪（Bernardi）和埃蒙斯（Emmons）合作设计了吉拉德里广场（Ghiradelli Square），这一新的公共空间面朝海湾，它的前身是一个巧克力工厂，与相邻的旧罐头工厂共同形成了先进的零售设施，这是全美第一座由工厂改造的露天购物中心。

在联邦政府重建计划的支持下，美国的水岸再生经历的确为全球政府再生机构提供了宝贵的经验。美国地方政府强大的行政权力和有利的税收环境促使许多企业在美国城市码头区进行投资[20, 170]。这些想法已转化为"全球化"的城市政策举措，鼓励以公共城市更新机构、各种公共资助的再生资金以及支持经济发展优先事项的政治关注点为基础的"原型模型"（Prototype Model）[171]。另外几个促使美国港口城市普遍复兴的原因，包括人口变化、廉价住宅的可获得性、不断增加的城市遗产意

---

① 现为波士顿规划管理局，简称 BPAD。

识、不断提高生活质量的意识、希望居住地点靠近工作地点以及城市旅游的日益重要。事实上，从绝对意义上说当时美国的海滨复兴计划在世界范围内处于领先地位。

美国海滨的再生主要集中在对旧建筑的修复和再开发上，包括住宅、休闲、商业、零售、服务和旅游设施等广泛的混合开发组合。这在很大程度上已成为美国的典型发展模式或范式，被称为节庆市场的水岸振兴方法。在这个时期，这些新建的城市海滨环境通常被称为新的"中心水岸"（Central Waterfront）。这些想法为全球城市水岸再生提供了基本要素或一种"模型"并将其进行了出口，进而影响了世界其他地区（包括亚洲、大洋洲、欧洲）的许多滨水开发项目。基本上，住宅、娱乐和旅游相关的用途往往是这种发展模式中的主要组合。它们包括私人住宅、零售休闲，主要是"节庆市场"的类型[67]，以及游艇码头及其他相关用途。另外，博物馆、商业设施、体育和轻工业用途往往被整合在一起。然而，总的主题，主要是定位于居住—休闲，而周期性的节日和特别活动通常会加强这一点[20, 22, 24, 29]。由于这些场所通常临近市中心，因此成功地整合了市中心和滨水区的复兴。

北美城市的水岸再生除去纽约、波士顿、巴尔的摩、旧金山、奥克兰和西雅图等著名的例子，也有值得注意的内陆举措，例如加拿大多伦多港和美国芝加哥的举措[67]。此外，在北美一些具有影响力的项目还包括纽约海翠大厦（Pier Head）、圣迭戈海滨村庄（San Diego's Waterfront Village）、吉拉代利广场（Giradelli Square）和旧金山渔人码头（San FranciscoFisherman's Wharf）[38]，所有这些为全球项目提供了催化剂和有影响力的发展标准。值得注意的是，美国的模式是成功地复制了欧洲港口城市以及田园诗般的市场，并以一种美式商业化概念加以包装后重新输送给欧洲和亚洲。

2. 第二阶段（20世纪80年代）

20世纪80年代中期，随着滨水地区再开发的效益变得日渐明显，在开发商、地方政府和国家政府部门的思维中已经清晰地确立了"水岸再生"的语汇。在某种程度上，振兴滨水区已经被看作是更广泛的国家、区域和地方城市政策和城市更新战略进程中的关键因素。在许多情况下，滨水区振兴已成为西方政府城市政策方案中社会—经济更新目标的代名词[172]。第二阶段的滨水复兴由一些亟待复兴的城市提出，主要案例集中在欧洲，尤其是英国。欧洲的城市规划和管理与北美的城市在文化上有差异，其更新政策相比较而言更加务实。

　　在伦敦，最古老的码头在 20 世纪 60 年代中期纷纷关闭，造船业衰落。在短短 20 年内，曾是世界最大的港口在交通技术的新挑战面前败下阵来。但是，时任英国首相撒切尔夫人独具远见：她认为伦敦码头区是一个独特的地区。她推行了自由企业区政策，这是伦敦码头区颁布的第一条政策。该区域免税 10 年、不加入工会、无规划限制，是自由企业家的自由贸易区。伦敦码头区是英国奉行此政策的第一个区域，撒切尔夫人本人称其为"旗舰项目"。巴尔的摩和波士顿等美国案例为伦敦码头区提供了大体上的灵感，但是伦敦码头区的复兴规模要大得多，并不能完全照搬。

　　同时，第二阶段由专门负责滨水区发展的机构主导，开创了公私合作和广泛利用私人投资的新模式。第一阶段巴尔的摩首创、检验并扩展了一系列方案，波士顿重建局的角色也树立了模范作用。伦敦码头区开发有限公司（London Docklands Development Corporation，LDDC）于 1980 年成立，由国家政府部门建立并负责旧码头区将近 22km^2 的土地。依据国家立法它允许转让公共部门（例如港口管理局）所占有的土地，也允许地方当局转让开发控制（规划）的权利。由于意识到此项目由公共部门单独完成过于昂贵，它需要私营部门的积极投资和专业知识。因此，英国政府采用北美的城市复兴模式，以确保私营部门在项目规划和实施过程中处于主导地位。然而，最初尝试开发码头区的过程中，政府成立了一个委员会来协商对计划的政治意见，却没有使主要的私人部门参与其中。这使得 1976 年伦敦码头区战略规划具有不切实际的发展目标，以至于后期在吸引投资方面也出现了困难[173]。此外，伦敦码头区开发有限公司拥有广泛的权利，并且不受地方责任制的约束。这一举措在当时被认为是过度的政治行为并受到地方政府官员的反对，然而大多数官员在码头区开发过程中几乎没有话语权。那时人们对此行为的看法呈两极分化。

　　如同大多数欧洲城市一样，伦敦延续了为工薪阶层提供公共住房的传统，公共部门拥有伦敦码头区开发有限公司改造区域 96% 的住房。然而公共和私有住房政策有所改变。"经济适用房"概念取代了完全由公共部门投资建设住房的观念。它由政府给予一定补贴，最初是 25%～30%，并由私营部门提供资助，通常超过土地本身的价值，以此吸引规模化开发商（私人住宅建筑商）在时隔将近一个世纪后重返旧内城区。

　　伦敦码头区开发有限公司始终强烈支持遗产保护计划，而且在树立码头区新形象方面起着重要作用。伦敦的科芬花园（Covent Garden）是迫于公众压力、由激进的专业人士领导的保护旧建筑的标志。同时，伦敦也十分看重规划的作用。在 20 世纪 60 年代与 70 年代，自上而下的、有计划的公共部门城市规划者主导的内城开发宣告失败。这引起人们对于传统的、全面的总体规划发展蓝图的质疑，人们开始制订更加灵活的发展规划，它可以迅速实现并且易于调整。城市发展过程是动态的，而非静态的。公共部门面临着时间和金钱的压力，特别是需要对可以实现而且负担得起的计划，采取实事求是并对公众负责的态度。公共部门与私营部门紧密合作需要良好的谈判技能和策划能力。某些观察者认为伦敦码头区开发有限公司放弃了传统的城镇规划。事实上，它制定了一系列地方规划，包括一项全面保护计划 [174]，而不是全面的总体规划。这些规划更加灵活，并迅速而成功地取得了巨大的发展成果。然而对公共基础设施略显慎重的重点投资则来得有些晚，新的伦敦地铁银禧线（Jubilee Line）延线在该项目完成将近 20 年后才开放，而彼时伦敦码头区开发有限公司都已经关闭。

而项目争议最大之处在于欧洲最大的码头——高度规划的金丝雀码头（Canary Wharf）的建成。金丝雀码头是撒切尔政策的旗舰规划 [175]。金丝雀码头的中心地带意在挑战位于其上游几公里处伦敦城金融中心的地位。该项目建设于一个充满私有化、管制宽松和市场化活动活跃的新企业文化时代。金丝雀码头的建筑被意图设计成为欧洲最高建筑，也是当时欧洲最大的建筑工地。包括一栋由贝聿铭（I.M.Pei）设计、两栋由 SOM（Skidmore Owings and Merrill）设计、一栋由 KPF（Kohn Pederson and Fox）设计的建筑以及一栋由西扎·佩里（Cesar Pelli）设计的塔楼 [176]。由于新型的施工方法被加以运用，该区域内的建筑很快就落成了，并随时可以入驻。然而由于 1992 年世界上最大的办公发展商奥林匹亚和约克（Olympia & York）的破产，该项目引起政治上的争论，并且被广泛认为是一个规划上的灾难。导致金丝雀码头失败的根本原因有六个：伦敦房地产市场的衰退，来自伦敦市中心的竞争，薄弱的交通联系，很少的英国承租者，复杂的融资系统，开发商的过于自信 [173]。争议的另外一个部分聚焦在伦敦的企业区 [177]。此举旨在吸引私有企业进驻萧条的伦敦东区。该计划包括划定工业和办公区，并通过一系列税收激励政策鼓励当地发展。更具争议性的是，它废除了相应的规划限制法规。在公私合作层面，政府与公众的意见出现了分歧。当时的政府依然认可传统的公共部门的价值，而公众则断定私营企业家比公共部门更懂得如何投资 [72]。

英国规划在 20 世纪 80 年代的主要目标是将港口重建作为解决城市内城问题的一个方面，并且推行政策消除那些阻止私人资本带头振兴这些地区的因素 [178]。然而，自由企业区（Free Enterprise Zone）和伦敦码头区开发有限公司的政策把伦敦变成了支离破碎的城市。新办公楼和豪宅拔地而起，紧挨着公共住房的旧社区。新工作岗位也出现了，然而却不面向本地人，导致了新旧一代的隔阂和矛盾。从那以后，伦敦码头区项目被纳入泰晤士河口区战略，包含了从伦敦市中心到海峡的大片区域。伦敦可能是欧洲前港口城市转型最壮观的例子。然而地产导向的城市更新策略弊端也逐渐出现，它为城市社会带来了隐藏的矛盾，而这将在下一个阶段的欧洲港口区转型的实践中被反思和修正。

与伦敦相比，巴塞罗那充分利用奥运会的机遇制定了长远、综合的城市规划战略。1992 年奥运会的申办成功成为促成巴塞罗那城市再开发计划实现的重要契机，从 20 世纪 80 年代中期开始，一系列滨水改造工程围绕奥运会契机进行了大规模实施和整合。其首要目标是运用城市结构的再塑造创造一个与周边建筑相得益彰的区域。提出新的基础设施建设方案与以基础设施建设为主导的发展方式，并反思过去所犯的错误。

在纽约曼哈顿，原有的港口设施被搬迁到新泽西。在 20 世纪 80 年代早期，新出台的政策意在重新利用一些旧的指状码头作为休闲场所，使曼哈顿改头换面成为"娱乐城"。南街海港在 1985 年开放。由于它临近市中心和华尔街，因此获得了巨大成功。1982 年，政府对曼哈顿的全部滨水区域进行了调查，打造了"纽约滨水区复兴计划"（New York Waterfront Revitalization Programme）。该计划是长期计划，其目的是尽一切可能让公众接触到滨水区。其中一些最有趣的项目包括坐落于皇后区东河的龙门广场国家公园（Gantry Plaza State Park），由铁路渡轮码头改造而成。切尔西码头体育娱乐中心（Chelsea Piers Sports and Entertainment Complex）是将四座旧码头改造成现代休闲设施的项目。1968 年也开启了巴特雷公园城的建造工程，作为填海造陆的滨水区的实践，然而由于经历了 1970 年代的经济萎靡与对设计方案的意见不一，直到 1980 年代才开始进行建设。同时，世界贸易中心（WTC）的重建也是重建纽约滨水区天际线的重要项目。

在英国，尽管伦敦码头区的重建是英国第一个水岸再生例子，然而自 1981 年开始实施这个项目以来，还有其他几个综合性水岸再生计划，其中一些已经完成，一些现在仍在进行中。已完成的成功的英国的典型案例包括：利物浦阿尔伯特码头（Liverpool's Albert Dock）、卡迪夫湾（Cardiff Bay）、格洛斯特码头（Gloucester Docks）、布里斯托尔码头（Bristol Docks）、伯明翰的宽街（Birmingham's Broad Street）、朴茨茅斯的码头（Dockyards of Portsmouth）、格拉斯哥克莱德赛德（Glasgow's Clydeside）、索尔福德码头（Salford Quays）、伦敦的南岸（London's South Bank）、曼彻斯特卡斯菲尔德（Manchester's Castlefields）、纽卡斯尔的码头区（Newcastle's Quayside）和设菲尔德的运河盆地（Sheffield's Canal Basin）。

美国的经验在过去 20 年内对于指导全球的城市更新政策发展具有重要影响，并且美国的经验确实为世界多数地区的港口复兴提供了框架 [179-181]。欧洲以外的项目，如悉尼的达令港、日本的横滨湾（Yokohama Bay）和新西兰的兰顿港（Lambton Harbour）都成为美国模式的学徒。然而，美国和世界经济在 20 世纪 80 年代末和 90 年代初的衰退减缓了水岸再生的过程。事实上，在 1990 年代美国的几个海滨再生项目都经历了经济和社会方面的困难，这主要表现在商业和零售业的发展中。早在 1991 年，达顿（Dutton）就记录了经济下滑的情况，然而他表示，在通常情况下如果开发遵守某些发展标准，这并不是一个特别严重的问题。他认为这些主要涉及三个关键领域，分别是：① 商业用途多样化的程度；② 旅游业发展得到满足的程度；③ 卓越城市环境的实现程度。温特波顿（Winterbottom）[182]、维勒（Wille）[183]、布林（Breen）和里格比（Rigby）[184] 报道了当时的类似问题，克利夫兰城市发展委员会（Cleveland Urban Development Commission）对克利夫兰、芝加哥、纽约和多伦多的滨水项目表达了同样的担忧 [185-187]。在 20 世纪 90 年代中后期萧条的经济环境下，水岸再生也不得不采取更加实际的方法。

20 世纪 80 年代末期和 90 年代初期，水岸再生项目成为创造新的社会设施、扩大就业的独特场所，并为许多城市地区的环境、经济和社会复兴提供了一个真正的基础。然而，随着项目规模和复杂程度的增加，越来越多的担忧出现了，并对许多项目的方式提出了质疑。实际上，在经济、社会和政治方面许多数据都被证明是具有争议的。对于经济发展的过度强调以及一些案例中滨水区的快速转型，都为后期滨水区的可持续发展埋下了隐患。

3. 第三阶段（20 世纪 90 年代）

第三阶段呈现出一种全球化的水岸开发场景 [67]。从一种大型的水岸开发规模扩散到相对较小的规模——从小型到大型的城市中都会存在。除去上文提到的,在欧洲其他城市,例如热那亚、哥本哈根、鹿特丹、毕尔巴鄂、赫尔辛基、奥斯陆和汉堡都已经启动了著名的海滨计划 [22]。欧洲之外的其他地区则包括澳大利亚悉尼的达令港、南非开普敦港(South Africa Cape Town)、日本、中国上海等。

在欧洲,20 世纪 90 年代初期,新一轮的政策出现了,也出现了水岸再生的前沿项目,例如巴塞罗那的兰布拉多大道(Ramblas del Mar),毕尔巴鄂古根海姆(Bilbao Guggenheim)博物馆以及鹿特丹的码头滨水区。阿姆斯特丹、鹿特丹、巴塞罗那的水岸更新更多地反映了将水岸作为城市更广泛的开发计划的一部分。在奥斯陆、鹿特丹和哥德堡等欧洲海港城市,参与式规划流行开来,当地社区也参与到规划进程中。政府通常会采用步进式措施,包括引入设计竞赛和总体规划,来改造原来的港口地区。重大活动例如奥运会或水族馆、博物馆等文化休闲设施的建设,经常被用以推进复兴计划 [25]。在千禧年伊始,新一轮的项目出现了。公共—私人合作伙伴关系和专业规划管理主导了海滨复兴项目之间的全球竞争。在独特的港口遗产的基础上,这些项目被用于新城市营销战略。那时,豪华住宅和混合式开发越来越流行。

在阿姆斯特丹,码头区的复兴战略由住宅主导。市中心的住房短缺让人们纷纷搬至市郊,并在那里缴税。在东港口区,只建设了一些高密度住宅和基础设施。高密度住宅的建造成了必要手段,因为在前期准备建设土地和建设基础设施期间投入了大量的资金。而投资规划就是将水作为绿色空间,尽管水域无法让每个人都享有,尤其是儿童。东港口区的复兴是战后阿姆斯特丹城市核心区域最大的建造项目。通过将豪华出租公寓和公共住房相结合,政策制定者希望阻止高收入群体的大量流失。东港口区已被改造成居民区,计划还包括西港口区和艾河北岸的进一步项目。市中心对面的土地驻扎着造船厂,未来将通过步进式的发展逐渐变为混合式使用。长期改造战略还包括艺术家和学生的暂时使用 [72]。

毕尔巴鄂原是拥有大型造船厂的河港,以 1997 年落成的古根海姆博物馆的成功作为复起点,它经历了文化导向的复兴工程。开业后两年内,总计 200 万游客参观了该博物馆。很快,内尔韦恩河沿线市中心附近的大片区域被指定为复兴区域。这片灰暗、肮脏的工业区已经被改造成一个拥有新地铁的后现代城市。同时,该区域还沿滨水区兴建了购物中心、住宅楼、新酒店、音乐厅和会议中心。即使不存在地区规划政府部门，但是许多不同部门纷纷参与，港口和铁路设施被重新安置在比斯开湾。

在亚洲，城市的历史被系统化地根除：一切事物都在不断的变动中。一切港口城市都不得不快速适应全球化的挑战，并推动前所未有的重组使之前无足轻重的地域转变为以知识和服务为基础的中心，这些城市中心随即成为世界海港网络中的重要枢纽，例如上海在2005年已成为全球最繁忙的货物与集装箱港口，与此同时位于黄浦江沿岸的旧港区也经历着大规模的再生计划。滨水区持续而快速的改造似乎已在处于发展爆发期的亚洲成为常态，在日本这通常和填海造陆项目紧密联系[76]。

在新加坡，政府制订了市中心开发的重大计划，这一区域位于新加坡河的河口。在滨海湾（Marina Bay）周围，政府规划了新城市中心，意在增强与滨水区的联系，使之成为包括办公楼、商店、咖啡厅、酒店、步行道和夜生活场所的"卓越的热带城市"[188]。该区域占地约370hm^2，通过填海造陆工程建造而成。提案中建筑占地面积指标0.7，可以根据未来需求灵活更新计划。中央商务区（CBD）的容积可再扩大25%，目的在于开发一种反映新加坡独特性的建设理念。该理念提出加强和扩大现有的中心，打造人行区域，开发滨水区天际线。1991年概念规划修正案的两大计划都与填海造陆有关：滨海湾南部河口延伸至海峡的滨海湾南区，以及北部的滨海湾东区。滨海湾南区位于东海岸中央公路的西侧，面积超过100hm^2。滨海湾东区则向西延伸约140hm^2，毗邻市中心。市中心核心区规划的主要目标是发展与水相关的活动并与水域相连。新加坡致力于成为大都会的愿景在城市扩张中得到了表达：一座建立于人工岛上的新城，与旧城区肩并肩。

在日本，滨水区复兴通常与填海造陆结合。最重要的案例是大阪、神户、东京和横滨的发展战略。在上述案例中，港口向海迁移，为大型船只入海提供了深水港。由于新港口所需的土地面积不足，填海造陆项目兴起让更多区域得以建设深水港。新型人工岛屿建立在海上，这些功能明确的区域经常结合了住宅（特别是为码头工人所准备）和新集装箱港口。这些岛屿也是机场、发电站和体育馆的所在地，尽管港口用途是最具相关性的。连接这些人工岛的基础设施——桥梁和隧道造价不菲。填海造陆战略是长期战略，让新港口岛屿拥有了更多可用土地。市中心附近的老旧且未充分利用地区、废弃区域和空旷区域、旧棚户区和仓库被改造成购物中心或节日市场，通常结合了新酒店、博物馆和水族馆。这些项目某种程度上类似于北美节日市场方式，并在日本受到极大欢迎，人们乐于在此区域购物。

在中国，自 20 世纪 90 年代以来，很多城市都注意到了滨水地区的重要性，并出现了一大批的滨水（包括滨江、滨湖、滨海等）开发项目，例如哈尔滨、吉林、沈阳、大连、天津、青岛、上海、杭州、宁波、武汉、厦门、深圳、广州、珠海等[162]。其中，上海、宁波、广州、深圳等地的滨水地区开发，都举办过大型的国际招标活动，引起了国际国内的广泛关注。1991 年的全球金融危机在全球范围内造成了毁灭性的影响。然而在上海，1992 年的浦东大开发则逆势而为，开始了一个世纪以来最轰动的创举，带动了中国经济的迅速腾飞。社会主义市场经济体制正在促成在上海城市内以创纪录的时间建造一座东方曼哈顿。对经济的变革是革命性的，起初仅限于经济特区，随后出现了类似亚洲四小龙中新加坡和中国香港的发展。因此，浦东是中国对外开放的实验场，中国称其为"龙头"，也就是未来中国经济发展的战略要地。浦东成为闪耀的新城区，是市场经济和计划经济同步的中国版本。位于被忽视的黄浦江东岸的浦东新区占地面积 570km²，约占上海面积的 8.2%——大致相当于西柏林的面积。浦东这个名字过去并不代表特别行政单位，直到其被选为经济特区。大部分区域被囊括在以市中心为中心半径 15km 的范围内。浦东三面环水，海岸线约 65km。浦东的规划和建设持续 40 年，分为三个阶段：1990—1995 年，1996—2000 年，2000—2030 年。浦东新区在中国"八五规划"（1990—1995 年）中占据了中心的位置。中央政府拨款，并制定了法律框架。1993 年，浦东新区管理局（委员会）受命协调建设、基础设施和社会项目开发，具有较高程度的行政自治权。第 10 个五年计划于 2005 年结束，那时多数重要基础设施建设已完成[72]。

第三阶段承袭前两个阶段滨水区改造的成果，接受了主流的开发实践模式，也更加注重对于历史建筑的保存和保护。在欧洲，卡迪夫海湾、利物浦和索福特码头区（Salford Docks）的改造都很成功，柏林的水城（Wasser Stadt）正在改造之中；澳大利亚的悉尼和珀斯改造成果卓著，加拿大温哥华也是如此。同时，公共资金支持历史建筑保护的必要性。但是整个保护计划面临着其他因素的挑战，比如交通运输基础设施建设。保护计划成功的关键是争取时间，但是随着历史建筑日渐颓废，不完善制度有时来不及对其进行保护。阿姆斯特丹因其保护方案的广度而著名。"保护旧建筑，建造新建筑"使对保护计划的交叉补贴更易实现。公共部门获得土地，而土地所有权永久属于城市，这给予了城市发展很大的灵活性。当意识到旧建筑翻新后可以像新建筑一样对于城市发展具有高价值之后，随之带来了高水平的公共投资。阿姆斯特丹和波士顿一样，也制定了城市设计法规，以在灵活的框架内维持城市规划的可持续性。其他地方的保护计划也是对幸存的历史遗迹的保护。

4. 第四阶段（2000 年至今）

经历了 1991 年全球经济大衰退的创伤，城市不得不重新思考资源利用的方式。水岸开发项目及相关活动的范围、步伐和规模影响深远，并且仍在继续增加，第四阶段涉及更加小型的城市以及河流、运河的更新。例如，英国伯明翰的布林德利（Brindley Place in Birmingham）以及利兹的粮仓（Granaries in Leeds）。在新世纪，"水岸复兴"的概念仍然是全球许多开发商、规划者、建筑师和游客的一个重要愿望。

然而，工业时代城市建设的观念是过渡性的，可能只适用于 20 世纪初。后工业时代开始出现对于地域性进行反思的现象。在全球化的信息时代，城市政策似乎与新自由主义城市化和城市竞争的联系更加紧密[66]。在这个阶段，水岸再生的现象超越了后工业城市的重塑，成为现代全球城市地位的象征，迪拜、布宜诺斯艾利斯、里约热内卢、香港和上海等利用水岸再生的机会在全球经济中建立了自己的身份[189]。

与旅游业发展相关的增长也是呈指数级的，形成新的休闲旅游区作为新的城市旅游和再生举措的基础。旧金山的渔人码头和布里斯托尔的浮动港口（Bristol's Floating Harbor）及阿尔诺菲尼（Arnolfini）的发展，都反映了这种方法。巴尔的摩和卡迪夫湾的节日型市场也反映了相似的方法，纽约城市码头和英国索尔福德码头（Salford Quays）则反映了其他的做法。这些例子不仅改变了破旧的城市区域的面貌，而且在更具战略的意义上，改变了城市和地区的特征。这反过来又为新的经济发展、外来投资以及新的旅游和休闲活动提供了前所未有的机会。

新时期，文化发展机遇和生活品质之间的平衡在塑造成功城市的过程中扮演了重要角色。在鲁尔区、汉堡、毕尔巴鄂、上海的水岸更新中，都出现了文化节庆、文化事件、文化竞赛等形式的文化要素。随着全球化阶段的到来和创意经济概念的出现，亚洲的城市越来越多地跟文化联系起来以及利用与文化相关的活动使得城市得以重组。在最简单的层面上，文化增强了城市的辨识性以及创造出了在衰落的内城区域进行场所营造和经济发展的新篇章。所采取的策略反映出了在北半球进行文化更新的方法。主要的方法包括：建造标志性的巨型结构，将废弃的工业地块转换为文化、娱乐区域；遗产的挖掘及主题化——通过举办文化事件以及文化节庆等，利用历史上的文化资源来发展旅游[190]。主要的案例有：新加坡河的再开发，历史建筑经过保护之后的头号产业是休闲和娱乐业。在吸引新的活动和场所使用者的同时，更新过的空间同样面临着经济和社会环境改变的挑战。在韩国首尔，通过对首尔河的改造，其两岸成为市民们日常活动的空间。

因此，支持滨水区再生的观点越来越多，其中很大部分暗示说投资与水有关的项目会带来真正的回报。这些回报包括：高价房地产和房地产投资回报、城市内城社区的社会经济再生、新游客市场的发展、创造就业机会、环境改善、历史保护、城市和区域发展促进以及基础设施的改善。但是，如果仅仅认为水岸再生只有积极的结果，那将是很幼稚的。事实上，早在 1985 年，美国就对滨水区再生项目的方向和重点表达了越来越多的担忧。因此，出现了几个关键问题，涉及水岸再生的一些更详细的方面。其中包括：与滨水区"时尚风潮"相关的问题和以牺牲社区需求为代价的商业开发，土地混合使用和滨水开发项目的"标准化"，资金问题、商业的失败、社区或社会福利问题，过分强调私营部门主导的"政治教条"问题，以及与社会冲突有关的问题特别是土著社区群体与新发展之间[39, 172, 191]。

越来越多的人认识到每一个特殊的地区都需要自身独特的发展模式，不仅仅在于陆地和水体使用的地理和经济方面，同时也在于随着它们所在的更广泛的经济和政治气候作出改变[68]。全球化引发了世界经济、空间和政治的全面重构，其焦点是城市与城市区域的空间重构和治理重构：由于全球经济活动在不同空间尺度上展开，所以引起了城市与区域空间的重构；由于政治制度必须跨越不同治理层级在这些新空间上构建起来，所以引起了政府治理的重构。这就是全球化中世界经济、社会、政治全面转型的缘由。在信息化时代的全球经济中，水岸的再生为表明国家和地方认同提供了机会。如同其他富有竞争力的全球性产品一样，它们构建了良好的全球适用的体系，同时，这一体系也适用于地方消费。

2.2.2　水岸发展阶段及特征总结

肖[43]区分了四个后工业时代水岸更新的阶段，第一阶段是上文中提到的，起源于 20 世纪 60—70 年代的北美，关注于创造商业零售和节庆市场；第二阶段大多发生在 20 世纪 80 年代，以欧洲为主导，典型范例便是伦敦的道克兰码头，其他欧洲案例包括巴塞罗那和鹿特丹，发展出了基于公私合作的新的组织形式以及对私人投资的广泛应用；第三阶段的水岸更新，将前两个阶段的更新要素融合到主流的开发手段中，水岸的开发规模大型与小型并存，范围从大型城市波及到小型城市，参与式规划在欧洲流行开来，典型范例有卡迪夫海湾，利物浦、索尔福德码头以及柏林水城，悉尼、珀斯、温哥华和众多的亚洲地区例如上海、新加坡等的水岸更新案例。第四阶段的水岸更新案例，在 21 世纪的第一个十年里已经开始涌现出来并正在进行中，其规划与建筑的思想，如肖所言，经历了一个 30 年的循环。从激进的和试验性的（第一阶段），到对于思想的扩展和更广泛的应用（第二阶段），到思想的固化和标准化（第三阶段），最后又回到了最初激进的观点和新的思潮（第四阶段）（正是这个时候，人们开始对水岸重新进行梳理和反思）。或者说水岸再生的四个阶段是一个螺旋形的曲线，这也符合马克思主义的社会发展规律。尽管在当时，肖未能对第四阶段水岸更新实践的特征有任何定论，然而，他将 20 世纪 90 年代后期全球经济衰退的大背景看作是一个重要的因素，它使得城市开始重新思考对于资源的再利用。在经历了这样四个阶段的水岸开发之后，城市怎样将水岸本身视为一种资源以及它们如何将其他资源带入到更新的过程中进行孕育，是帮助理解过去经验以及未来发展的关键性的问题。

在 20 世纪 60—70 年代，西欧和北美的城市开始准备进行一场声势浩大的更新活动——在盎格鲁—撒克逊国家（Anglo-Saxon countries）被唯美地形容成城市的文艺复兴（城市复兴）——在其中，港口城市扮演了明星一般的角色。废弃的港口地区被认为是发展城市新环境的理想选址。这个过程伴随着城市进入后工业时期，城市的大量水岸区变得荒废，其中也包括由于现代工业技术改革和港口活动集装箱化而导致之前港口活动被冻结的区域，正如布鲁托梅索形容道："水岸再生是后工业城市的一个重要范式" [106]。最初的水岸复兴涉及工业建筑的改造、公共场所的建造以及创造节庆市场，例如巴尔的摩、旧金山和波士顿都为我们展示了，靠近城市中心起初变得荒废和破旧的水岸区域，是如何得以改变的。商业、旅游与节庆市场成为北美水岸振兴的重要方法 [67]。

在接下来的几十年里，水岸再生的现象扩散至全球。世界范围内的其他国家开始发展和再生他们的水岸，最初都采取了效仿北美城市先驱的做法，随后也发展出了自己的模式 [192]。"城市水岸开发"成为了一个成功的国际模式。"水岸开发"成为无数的设计师、顾问、房地产开发商和营销专家争相投入的领域。来自世界各地的专业人士通过国际水岸网络相互了解最近的事态发展[25]。布鲁托梅索同样也指出了水岸再生主题的"全球化"的现象：某些特定的"模型"为世界范围内的水岸更新设定了先例并被四处效仿，并伴随着组织方式、空间类型以及建筑形式的国际统一与标准化[106]。

然而接近新世纪的时候，这种狂热却在一定程度上消减了。仔细观察可以发现，并非每一个成功的公式都像之前一样成功。一些大规模的水岸开发过程最终却成为了房地产的大惨败。其他的工程，随着时间的推移，不得不被修剪，或者被彻底地改变。在几十个城市，持续多年的密集开发计划依然停留在绘图板上。作出平衡的时间到了。进入新世纪之后，我们不得不作出反思。多样化"振兴"的港口区域是否真的给予了城市什么？新计划浪潮为城市规划的革新提供了新的、富有成效的推动力吗？大搞基建的时代结束了，这种由政府牵头、功能单一、耗资巨大的做法，并不能解决问题，我们需要新的工具和方法。

在普遍和广泛的意义上，水岸的持续再开发，对于水岸城市的活跃和不断发展而言是基础。这个过程有时候会是一个巨大的飞跃，就像 19 世纪马赛在古代港口外围开发新的区域，以应对经济和政治刺激以及技术变革和运输需求。在更近的现代，水岸再开发现象下空间扩散存在几个维度：在全球范围内展开，从大的城市区域到小的城市区域，而且从某种意义上说，是从较先进到较落后的国家和地区的发展阶梯[193]。这个过程从已经很突出的国家（例如美国、加拿大、英国和日本）蔓延到具有巨大潜力的国家（如印度）。这种扩散现象在某种程度上是早期变化和关系的逻辑结果。

经历这些成功的水岸更新的阶段后，再开发的手段变得复杂和广泛。从最初北美对零售和节庆集市经验的关注，发展到之后案例中休闲和住宅更加广泛的混合——一个在欧洲大陆更为典型的模式[23]。从最初公私合作为主导的模式发展到后来的参与式规划与多重利益团体的参与。水岸更新的传播和演化产生了丰富的经验，反映出了不同国家、地区不同城市的独特背景。然而，有许多国际化的模式在没有被充分了解的情况下被随意复制[23]，因而产生了千篇一律甚至迪士尼式的景观。霍伊尔[193]讨论了水岸再生的不同的模式，其中的一些创造了平淡的标准化、全球化和高档化（士绅化），其他则更侧重于遗产的复兴、社区或者当代文化的发展。这些冲突在城市再开发的语境中是很难被解决的。同样地，解决全球与地方之间的紧张局势也是水岸再生中的一个关键性难题。

　　同时，水岸更新的阶段性特征与城市更新的政策息息相关。在 20 世纪 60 年代经济增长的时期，旧港区的更新却展示出一种对于住房的兴趣，这是与政策的社会转向相关的，例如在金丝雀码头振兴中私人住宅所起到的作用[66]。但是这种情况在 20 世纪 70 年代却极大地改变了，在以办公为基础的服务经济兴起的时代，许多传统的活动陷入了经济危机。那个时期对经济复苏政策的兴趣迅速增加了，荒废的水岸和其他旧工业区开始了一轮新的政策生命周期。这种政策、经济和社会目标之间的平衡，为水岸再生的研究提供了重要的背景[194]。因此，水岸再生的发展周期应该参照城市更新大的规律性周期来理解（表 2-2、表 2-3）。罗伯逊[114]也在振兴内城的举措中将水岸与城市核心区联系起来作为其中一项措施，认为水岸再生是城市更新的一个策略[60]。

水岸发展的四个阶段特征总结　　　　　　　　　　　　　　　　　　　　　表 2-2

发展阶段	时间	主要区域	主要特征	城市更新在水岸空间的映射
第一阶段	20 世纪 60—70 年代	北美	起源于北美，基于振兴内城的出发点，关注零售、城市庆典和节日	大规模的拆除和重建
第二阶段	20 世纪 80 年代	欧洲	主要发展范围在欧洲。公私合作和私人投资的广泛发展。休闲和居住相结合	注重对历史建筑的修缮和改造
第三阶段	20 世纪 90 年代	全球	历史建筑保护计划的盛行	城市企业主义，城市经营，市场化高速增长，售卖城市（鹿特丹）
第四阶段	2000 年至今	蔓延到亚洲	遭遇 1991 年经济危机的影响，思考信息化时代水岸开发的道路	开发速度放缓，开始注重思考水岸开发中的文化问题

世界范围内水岸再生的项目实例　　　　　　　　　　　　　　　　　　　　表 2-3

发展阶段	城市 / 项目名称	时间	主要特征
第一阶段（20 世纪 60—70 年代）	美国波士顿法纳尔大楼与昆西市场	1961 年	水岸历史遗产保护
	美国巴尔的摩内港	1964 年	商业振兴、节庆市场、公私合作
	美国旧金山渔人码头吉拉德里广场	1967 年	工业建筑改造成为露天购物中心
	英国伦敦的科芬花园	1970 年	水岸历史遗产保护
	加拿大多伦多港	1972 年	商业振兴、公私合作、城市公共空间
第二阶段（20 世纪 80 年代）	英国伦敦码头区	1981 年	大规模水岸开发计划
	英国利物浦阿尔伯特港口	1981 年	历史水岸保护
	英国伦敦金丝雀码头	1985 年	水岸办公与居住相结合

续表

发展阶段	城市 / 项目名称	时间	主要特征
第二阶段 （20世纪80年代）	美国纽约曼哈顿南街港	1985 年	水岸历史遗产保护
	新加坡河滨海湾入海口	1985 年	历史水岸保护、水岸环境治理
	日本东京御台场	1980 年	填海造陆、商业与娱乐人工岛
	美国纽约曼哈顿巴特雷公园城	1979 年	水岸新区建设、填海造陆
	加拿大温哥华格兰维尔岛	1979 年	工业遗产改造成为艺术社区
	日本横滨 21 世纪未来港	1983 年	填海造陆
	美国波士顿罗尔码头改造	1987 年完工	水岸历史建筑的保护
	英国伦敦卡迪夫湾	1987 年	商业、文化、旅游、住宅、办公综合开发
	澳大利亚悉尼达令港	1988 年	旅游与节庆活动
	西班牙塞罗那老港区	1989 年	利用文化事件制定长远综合的城市规划战略
	南非开普敦维多利亚港	1989 年	休闲、商业、娱乐
第三阶段 （20世纪90年代）	英国曼彻斯特索尔福德码头	1990 年	多功能混合（娱乐、文化、商务）
	德国柏林施潘道水城	1910 年	工业遗产的改造与休闲娱乐码头区
	法国巴黎左岸计划	1991 年	水岸艺术集聚区
	加拿大温哥华	1980 年	居住与娱乐相结合
	荷兰阿姆斯特丹东港区	1990 年	多功能混合（高密度、差异化住宅）
	中国上海浦东开发	1992 年	新城建设：城市拓展其边界；文化竞赛；城市形象重塑
	德国鲁尔区埃歇姆河畔更新	1990 年	工业区改造，建立文化身份
	荷兰鹿特丹南部岬角港区更新	1990 年	水岸新区建设
	英国伦敦泰晤士河南岸	1995 年	水岸艺术区
	西班牙毕尔巴鄂	1997 年	文化策略带动城市整体复兴；城市形象重塑。"毕尔巴鄂"效应
	中国上海苏州河环境综合整治工程	1998 年	水岸环境治理
	美国芝加哥的海军码头改造	20 世纪 90 年代	多功能混合（娱乐、购物、公园、餐饮、展示）
第四阶段 （2000 年至今）	中国上海黄浦江两岸综合开发	2002 年	水岸空间综合规划
	中国上海外滩滨水区的第二次改造	2007 年	水岸公共空间的改造
	德国汉堡港汉堡新城	2002 年	水岸新区建设：城市拓展其边界；文化竞赛；城市形象重塑
	中国上海 2010 年世博会	2010 年	大型文化事件引导水岸更新
	中国上海黄浦江西岸文化艺术集聚区	2012 年	水岸艺术集聚区
	美国纽约曼哈顿布鲁克林大桥	2005 年	港口功能转换为滨水公园

续表

发展阶段	城市／项目名称	时间	主要特征
第四阶段 （2000年至今）	德国柏林施普雷河的复兴	2002年	水岸工业区转型为艺术区
	美国纽约曼哈顿U形保护计划	2016年	水岸公共空间塑造以及水岸环境治理
	中国香港湾仔码头改造	2015年	休闲文娱区

第3章
水岸再生作为后工业城市更新的催化剂

美国社会学家丹尼·贝尔（Daniel Bell）在 1974 年《后工业社会的来临》（*The Coming of Post-Industrial Society: A Venture in Social Forecasting*）[195] 一书中，对人类社会作出阶段性划分：农业时代、工业时代和后工业时代。以美国为例，根据克拉克的经济产业模型（Clark's Sector Model），美国在 1922 年开始出现逆工业化，第三产业就业人数高于第一产业和第二产业，之后持续稳定增长，20 世纪 80 年代步入社会学家和经济学家所说的以信息技术为主、以服务为基础的后工业时代。而依据中国的经济产业模型，在 2008 年左右第三产业首次超过其他两大产业，仍处于工业时代的后期。但对于上海而言，从 2008 年开始正式进入了后工业化的时代。

城市后工业化进程以及航海新技术的产生对水岸的衰败造成了直接的影响，也是在这样的背景下，水岸再生进入了人们的视野。由于城市水岸是城市不可分割的物质空间资源，城市水岸空间的再生是与城市空间整体更新的阶段和特征紧密相连的，因此研究城市水岸的空间更新应把水岸发展置于城市整体发展的大背景下。同时，在信息网络的全球化时代，还应把水岸再生置于全球化的整体背景下。水岸作为最容易受到全球化冲击的场所，它传递了全球和本土的价值。作为中间的介质，水岸更新的特征和原则映射了城市更新的阶段性原则，并反映出城市发展的趋势和价值取向。水岸再生是后工业城市更新的催化剂 [60, 196]。

因此在全球化时代，水岸与城市更新的互相影响不仅仅是地理上的，还是社会空间上的。在许多城市，水岸的更新属于内城更新的一部分，它是相对于蔓延的郊区发展而言的。在一个前所未有的技术变革和真正一体化的全球经济发展的世界里，从物质和人力角度来吸引财富的竞争变得更为重要。一个城市今天的成功与否，更多地依赖于是否能提供适当的基础设施以及完善的城市环境。这些重新定位努力的一个关键方面是城市和环境的更新。而滨水地区为大型的、高度集中的，并且显著的区域提供了大量再开发机会。这些特性使得滨水地区的再开发对许多环境和城市更新的举措变得尤为重要。

同时普遍认为，起源于 20 世纪 60 年代的水岸更新在修复城市中心区和城镇，以及恢复其经济和社会健康的过程中起到了持续不断的作用。恢复健康的城市核心的愿望，不仅仅体现在巨型城市中，还体现在相对较小规模的城市中。"重大的转型"并不一定指规模，而是指影响力与象征性的价值，例如美国普罗维登斯、英国伯明翰等 [20]。城市与区域的（社会）空间重构已经使得许多新地理景观和现象显现出来。本章主要论述水岸与城市整体的关系，包括结构性的关系和策略性的关系两大部分。

3.1 水岸再生作为城市空间结构性要素

我们将水岸解读为城市与水相接的区域。水岸更新作为更广泛的城市进程的一部分，其区域的振兴可以在物质空间层面上对整个城市的再发展提供支持，例如更多基础设施的建设。现在我们将水岸空间视为一种城市设施，一种城市中的特殊场所。对于水岸的态度在过去 50 年里，发生了巨大的转变。原因很简单，水岸曾经是城市中工作的场所。在工业时代，它们在人们的共识里是混乱、肮脏以及没有价值的存在，是人们避之不及的场所。

当今城市水岸是最具创意及活力的城市区域，密集与混合的区域位置上，城市的资源、机会、愿景以及野心被转换为展望、新的关系以及工程项目。创意的水岸能够重新启动城市的新陈代谢，产生新的建筑形式，创造新的地景，并且通过持续流动的城市文化，促成伟大的关系网络，使得它们更加具有活力、交流性和竞争力。水岸再生最重要的含义是，这一特定领域应该作为整个城市的结构、战略要素来看待 [197]。

如果忽视城市的物理空间领域，城市的成功将不会实现。随着城市从工业经济转向服务型经济，其成功的一个主要方面就是城市物质空间的转型。在其中，水岸起着至关重要的作用。首先，水岸作为前工业社会生产经营的场所，往往是城市中衰败最严重的地方。其次，水岸在大部分城市都位于非常明显的位置。因为水岸的发展对城市的发展至关重要，对城市发展质量的表征也是至关重要的。水岸是设计师和规划师可以塑造当代城市视野的区域，也是城市文化发展的价值所在 [29]。信息化的城市将公共空间作为最优先的选择，将实体的社会公共空间作为虚拟的信息交流空间的互补 [73]。

3.1.1　中心与边缘

历史上，水岸是城市经济活动的中心，但也是地理学者口中的"城市的边缘"。也许并不代表行政上的边界，但常常作为街区和景观边界 [198]。随着城市的传统社会和形态结构遭遇解体，出现了各种城市碎片的扩散：郊区、居住区群、工业综合体、旅游度假区等，这加速了水岸空间从传统的城市中心位置沦为城市战略意义上的边缘。城市发展过程中沿着水岸建造了大量的交通设施，这使得水岸空间与城市空间完全割裂了，水岸空间成为了"城市的碎片"或者说是"碎片化的城市区域"。被高速路割裂的城市中心与水岸空间，其可达性也可能成为阻碍水岸再开发发挥潜力的绊脚石。城市中心和边缘紧张的关系，造成了物质空间的冲突。

例如，多伦多的水岸从安大略湖的土地上发展起来，是集成就和问题于一体的具有争议的例子：快速发展的城市和衰落的小港口、公路和铁路将城市和海滨区域分隔开、新的和改造过的海滨高层建筑，以及沿海的环境问题 [193]。芝加哥湖岸林荫路（Chicago Lakeshore Drive）与波士顿多罗路（Boston Storrow Drive），曾经是两个优美的滨水区林荫路，但是随着机动车时代的到来，都被改造成像高速公路一样的通道，使人感觉到滨水区只是一个通过的地方而无法使人停歇 [199]。此外，波士顿的部分滨水区沦为了停车场，而曼哈顿东侧滨水高架路下也成为了废弃车辆的集中区。即使广受好评的项目，例如曼哈顿西海岸的哈德逊河公园也遭受了与城市其他部分的隔离。这导致水与城市附近活动之间缺乏重要的联系。

水岸的关键的特征是位于城市的边缘，这种边缘是关键的，因为跨越它通常需要资本投入在码头、铁路和起重机等方面。城市中心和衰败的水岸边缘之间的冲突，导致城市资源不能有效分配给水岸等边缘地区。水岸由于物质空间与城市功能发展的不匹配，以及不能有效地提供就业的机会等，往往会成为荒废的城市地区。为了使水岸再生获得成功，水岸应该成为活动的集中地点。历史的发展表明，如果到达城市的途径是通过海洋，那么水岸，例如马耳他瓦莱塔（Valletta）的大港湾，就会通过这种很自然的活动而活跃起来。而一旦活动的重点转移到其他地方，那么水岸就会陷入荒废，经济和与之相关的人类活动也会消失。因此，为了水岸的再次兴旺，它们需要成为经济、社会和文化活动的焦点。然而，这些活动需要涉及当地的社区，因为没有社区的参与，这种再生将会是表面化并且不会持续很久的[200]。

水岸的性质是既具有固定性又具有流动性的，但是这种固定性和流动性是随着时间而变化的。作为城市原有的中心的水岸，在一段时期的废弃之后，又重新回到了人们的视野（中心—边缘—中心），城市更新的过程，也是中心和边缘进行重构的过程，是对地理空间进行的一次又一次的颠覆。

3.1.2　标志与填充

水岸曾经是城市周边区域社会经济活动的中心，在去工业化的过程中，荒废的仓库与废弃码头充斥着城市水岸，而标志性的建筑（Iconic Building）为水岸城市区域增加了影响力，再生过程中可以起到类似于城市触媒（Urban Catalyst）的作用。建筑对环境有战略意义的介入可以对环境产生催化作用，这在某种程度上与城市针灸（Urban Acupuncture）的城市更新策略相符合。例如汉堡新城易北音乐厅、毕尔巴鄂古根海姆博物馆、巴塞罗那奥运村入口盖里的鱼雕塑，都有类似于城市营销（City Branding）的功能。这种类型的建筑工程通常被称为巨型项目（Mega-Project）、有声望的建筑（Prestige Project）、旗舰店项目（Flagship Projects）、城市奇观（Urban Spectacles）等。在某些更新的情况下，树立示范性的旗舰项目是很重要的，这样做的意图是推动街区的全面变革[201]。开始的目标可能是使其恢复自信，以稳定或振兴某一城市地段在一种健全的经济体系中的竞争地位，或使其具备内在与外在功能性更新的潜力。通过这种方式也可以表现出城市对于这个区域的信心。

然而，也需要更加长期性或者结构性的调整，作为对整个区域发展的支持。这种结构性的调整应当以规划为先导，通过街区功能的转化或者再开发创造出一系列能够包含各种不同活动的、更好的空间集合体。注入新的建筑功能和产业，使其重新焕发生机。区域功能的多样性是区域活力的重要保证。水岸的城市结构与城市的肌理得到充分的融合，一个很好的案例就是鹿特丹的水城（Waterstad）区域[25]。作为与内城相接的水城区域，一系列博物馆、图书馆、办公总部、水岸公寓的开发，试图缝合被铁路高架桥隔离的市中心的东西两侧。水城在开发中保留和保持水域以维持航海时代的气氛，在原有的肌理上进行填充，而不是进行破坏性的重建，使得水岸城市的身份与居民的记忆认同得到保存。同时博物馆和图书馆新奇的建筑形象试图增加地区的公众影响力^[202]（图 3-1）。

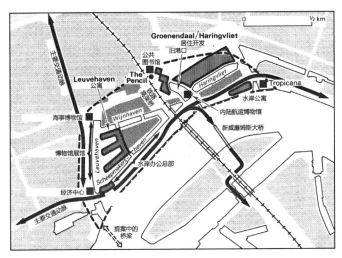

图 3-1　鹿特丹水城规划中结构性的要素

（资料来源：作者根据相关资料^[38]改绘）

建筑高度的多样性赋予城市形态一种有趣的构图，也是赋予肌理和纪念物良好平衡的重要手段。高层塔楼会阻挡景色，在靠近水域时应逐渐降低高度，因此应对水岸建筑进行高度限制。在波士顿内城，手指状的码头（Finger Quays）也在原有的轮廓基础上建造了具有新功能的建筑物，例如罗尔码头（Rowe Wharf）。在建筑布局上，主建筑呈阶梯式设计，在其内侧，建筑高度为 9 层，向外依次降为 7 层和 3 层。规划中还特地保留了原有的渡船码头，并建立了风格与周边相协调的浮式候船厅以及砖造的公共走廊，从而使其与市区有机地联系起来^[96]。然而，费雪（Fisher）^[199]却提出了与传统观念相反的思路，认为较高的建筑物不一定比较矮的建筑物在视觉上更具阻隔性，较矮的建筑物可能会有较大的占地面积，且随着时间的推移会产生"摊煎饼"的效应，并举例温哥华北部海滨正在进行用一种小型塔楼创造一个重要城市社区的新尝试。

3.1.3　连接与扩展

水岸区域作为介质连接了海洋与陆地、城市中心与边缘。城市水岸地区的再生可以联系水岸与城市其他区域，重新整理其之间破碎的关系，带动城市整体区域基础设施的升级。西雅图奥林匹克雕塑公园，用于处理现有的道路系统和铁路系统，以及它们之间被断绝割裂的废弃的土地,还有遥远的水体之间的关系。韦斯—曼弗雷迪建筑事务所设计了这个非常巧妙的,既是巨构也是大地景观的场所。通过一系列 Z 字形的坡道,在保持运货铁轨和下方的行车路径畅通的情况下,公园与水保持着微妙的关系[203]。同时,重要的是,它还允许公众从城市内陆到达水体。斯坦·艾伦(Stan Allen)编写的《大地景观》(*Landform Building: Architecture's New Terrain*)一书对此也有提及[204]。汉堡港港口新城也试图将城市南北两侧区域整合起来[205](图3-2)。一般而言,这些都与在物质环境和功能上城市和水岸"重新连接"的最初目标相关联。

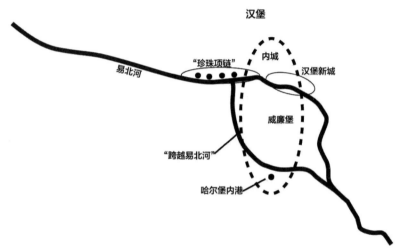

图 3-2　汉堡新城与易北河两岸区域的关系

(资料来源: 作者根据相关资料[205]改绘)

　　同时,水岸为城市区域的进一步扩展提供新的机会。如果城市的中央商务区需要增长的空间,那么向水岸扩张对比于破坏内城的历史肌理进行发展将会是一个更加具有吸引力的选择。下曼哈顿向水岸的扩张已经持续了几个世纪[206],随着时间的推移鹿特丹老港区也在向北海逐渐扩张[207]。伦敦将金丝雀码头作为第三个经济中心,东京横滨也采取了填海造陆的方式来扩展城市的边界,向水域索取新的城市资源。向水岸的扩张相对于向临近居住街区的扩展以及环境敏感区的扩张也是具有优势的选择。例如,伦敦的中心区计划将内城的扩张引导至南方,朝向水岸而不是东方士绅化的街区以及西方经破败的仓库区改造成的艺术与文化交流区。开发者认为内城向水岸扩张需要认真考虑现有的基础设施(尤其是交通设施)对于再开发支撑的潜力。利用现有交通容量的项目在前期的成功中拥有最好的机会，例如曼哈顿的世界金融中心，与港务局哈德逊中转地铁（Port Authority Trans-Hudson，PATH）相连接；圣凯瑟琳码头（St Katharine's Dock），位于伦敦地铁（London Underground）附近。为了获取长期的成功，一些孤立的项目，例如金丝雀码头以及查尔斯顿海军码头很大程度上需要对昂贵的新公共交通服务进行投资[173]。

此外，公共政策有时会阻碍城市肌理延伸到水岸，从而阻碍城市复兴。例如，由于某些自然资源政策的原因，大型栖息地保护区有时会留给野生动植物使用，使得公众无法接近，或者保留给某些特殊的、游客为主的公众。这种以游客为导向的用途使水岸无法成为城市日常生活的一部分。尽管可能适合于其他的情况，然而在城市化地区将水岸保存为空白的开放空间可能会适得其反，因为城市水岸的再开发为改善城市的形象、特征和生活品质提供了巨大的机会。虽然环境保护的价值在任何环境中都很重要，但当它们以牺牲城市环境和城市的宜居性为代价时，需要重新被考虑。

同样，以游客为导向的商业用途会在滨水区发挥重要作用，但不能完全依赖它们将滨水地区转变为城市生活、工作的一部分。事实上，这种用途可能会加剧水岸与城市分离的感觉，使人感觉它似乎是为特殊场合预留的。偶发的事件和活动不能维持地方活力：无论多么成功，水岸都不应该是单一的用途，而是将城市街区的结构性功能延伸到水岸。日常活动，例如等待渡轮、赶出租车、买报纸、喝杯咖啡等，都会为一个地方增添意义。

也许在水岸再生中最常见的错误是让水岸的舒适体验仅在水边。无论建筑物是内向还是外向的功能，都应设计成为促进水岸对于公众的可达性和可见性。阻挡海岸线的高层建筑，面向水岸背对城市的私人封闭住宅区，可以让住户看到水岸但却限制其他人的可达性——所有这些都是大多数水岸线具有的不公正的空间。宣称水岸作为自己的专属领域，这样的发展带走了水岸可以为整个城市带来的好处。限制住宅使用的公共政策反映了这样一种合理的担忧，即这种用途可以产生仅为少数人保留的私人飞地。在低密度发展的情况下，这种担忧尤其严重，大量的独栋别墅可以有效地封闭长途海岸线，使得公众无法进入。然而，城市高密度公共住房的开发可能会带来不同的效果，在鹿特丹和阿姆斯特丹水岸的开发中都可以看到公共住房所起的作用。就其本质而言，它更加以公众为导向，将大量居民、游客及活动带到滨水区。住宅建筑被设计为社区的一部分或是更大的城市格局的一部分，通过将底层用作活跃的商业用途使其更多地向公众开放，并且从水岸往回退，尊重内陆景观和公共通道，是将城市与水岸联系的最佳途径之一 [199]。

3.2 水岸再生作为城市空间策略性要素

水岸再生为城市与水岸关系的再塑造提供了条件，不仅在其物质结构层面，在城市策略性层面也有着重要的作用。滨水再生计划必然涉及各种经济、社会、生态环境和文化等问题。空间社会、经济、政治、生态、文化秩序的变化确实为重新评估城市码头和海滨地区带来了相当大的新机会，也成了其成功与否的重要的、综合性的标准。旧的港口地区被认为是新的城市景观中一个策略性的位置，可以作为一个连接本地网络以及全球网络的节点 [25]。水岸再开发过程中鲜明的特征，暗示了"水岸"这种新类型的城市区域（New Urban Category）① 在城市命运的重塑方面具有极大的"策略性"重要性：一个检验城市政策的试验田。在这个层面上，它的变迁使得解读政策的正确和失误成为可能 [106]。

3.2.1 水岸再生与城市政治

在城市政治层面，水岸更新被政府用来应对城市内城危机。对于城市当局而言，废弃的港口区域，可能包括靠近城市核心区域的原有水岸，可能为城市再发展提供千载难逢的机会，但也可能带来严重的问题。靠近城市核心的广阔滨水区的可用性需要对适当再开发的特点和时间进行仔细的考虑，这需要政府采取相当谨慎的态度。滨水更新是一个昂贵且敏感的过程：巧妙完成，它可以为死亡和垂死的城市地区带来新的生命，可以创造广泛的新的经济和社会机会，并且可以对周边城市发展而非中心城市发展的普遍趋势提供一个可喜的解决方案。

对英国衰败的码头区进行修缮被认为是更广泛的城市更新进程的一个重要元素，并且与增加就业机会等社会—经济与政治目标紧密相连。在伦敦道克兰开发公司的管制下，剧烈的改变发生了，无数的资金投入下新的地景和水体被创造出来，社会

---

① 这里是指去工业化过程中被废弃的水岸，不是与自然城市一起发展起来的水岸。

区域也被改变了。在多伦多水岸振兴工作组报告中，加拿大、安大略省以及多伦多市政府联合发表了对多伦多水岸振兴的支持，以此来监督和领导水岸振兴工作。超过 800hm^2 位于加拿大的经济引擎中心且具有战略位置的土地——多伦多的中心水岸——大多数荒废着或者没有被充分利用。大约 70% 的土地在城市公众的手中，因此，城市拥有绝无仅有的机会来进行完美的更新过程，并将帮助多伦多跻身于新世纪激烈的城市竞争之中。此外，水岸更新中也可能会发生强烈且持久的政治博弈，如纽约巴特雷公园城的建设方案的选择过程，反映了城市政治对于社会、文化、形象等多方因素的考量。

3.2.2　水岸再生与城市经济

水岸再生是否促进了水岸区域及更广泛的城市地区经济的发展，并提供了更多的就业机会，这往往成为对一个水岸地区活力进行衡量的要素。随着西方国家在大规模去工业化中传统工业从水岸转移，依存于传统重工业的港口经济逐渐消亡。例如，马萨诸塞州的洛厄尔磨坊和英格兰的利兹磨坊很早就被废弃了。现代化的造船厂在 1995 年秋季就停止了在费城的运营。由于对铁路运输的需求下降，更多的滨水土地被释放出来，有时这与铁路运输或工业的搬迁有关（纽约的高线公园），其他时候仅仅反映了铁路系统的整合过程。这个过程还涉及工业从城市到郊区，从旧工业地区到新的地区的根本性转变。在全球范围内的变化，例如从日本到中国台湾，从北美到墨西哥等。

水岸再生不仅仅指要有新的形象，关键是要有新的经济基础和新的就业机会。水岸传统重工业也亟须被符合现代城市中心区发展方向的第三产业与第四产业所取代。20 世纪 50、60 年代，随着传统工业的衰落，德国鲁尔区大量工厂减产、倒闭，更导致失业率攀升、人口流失、环境恶化和社会隔离等一系列问题。在经济改造和工业转型的结构性调整过程中，政府逐渐意识到这一区域可以作为大规模消费的场所而不仅仅是一个生产性空间，若对工业遗产加以利用，可以塑造区域的文化形象。充分发掘工业遗产的文化价值，大力发展新兴产业，鲁尔区由衰败的工业城市成功转型为欧洲文化之都。

水岸再生往往也与城市竞争力的问题联系起来。城市竞争力的议题，是在经济全球化的背景下逐步提出和发展起来的。全球化不仅与世界城市或全球城市（Global

Cities）有关，还与各个地方的社会经济发展密切相关，正如吉登斯指出的，"全球化的后果是深远的，几乎影响着社会世界的所有方面"。联合国人居中心的报告也同样揭示了这一点——"全球化已经将城市置于一个城市之间的具有高度竞争性的联系与网络的框架之中"[208]。城市规划的目标都直接指向城市竞争力的增加[209]。

随着越来越多的城市被迫相互竞争有限的资本，竞争优势已经成为现代社会想要互相赶超的指标。竞争优势是许多国家、地区和地方城市政策议程的重要方面。在某种程度上，这将直接影响到城市的形式。全球经济中市场份额的竞争将迫使城市布局合理化，以实现其经济潜力。城市之间的竞争并不新鲜。事实上，城市一直在争夺更多的资本和贸易份额。

然而，水岸的经济振兴也会有自身的风险性。财产的收入与资本的支出有时候并不同步，有时在水岸建设前期需要投入大量的资本，而资本的回收需要一个漫长的周期[173]。在这个层面金丝雀码头也许是一个恰当的例子。2004年的金丝雀码头拥有超过130万 m² 的建成区与在建区，是当时伦敦码头地区的中心商业企业集聚区及伦敦的第三办公区。1992年，随着奥林匹亚和约克公司的破产，金丝雀码头也陷入了经济的困境。直到1995年，随着上述因素逐渐得到改善，金丝雀码头从破产的状态恢复至伦敦办公市场中的一个重要部分。它先前的开发商保罗·赖克曼（Paul Reichmann），联合投资者重新购回码头区的地产，并通过出租空置空间于1999年成立了公共的公司。金丝雀码头因此开始出租场地内的其他建筑场地，并持续完成剩余建设直到2002年，才完成现代历史上最具标志性的房地产开发的逆转。

3.2.3　水岸再生与城市社会

政府和市场对滨水地区再开发的兴趣，也是近30年来社会变化的结果。港口功能的更迭致使港口社会空间发生冲突与变更。原有的码头工人阶级被迫迁离港口，其一直以来的就业基础亦被切断，取而代之的是士绅化过程中迁入城市新兴中产阶级。港口物质环境和功能的迭代也导致了社会阶层的更迭。过去，近水地段是工业区或码头、仓库，是低收入者的居住区，而经过再开发的水岸成了中产阶级理想的居住之所，如在伦敦道克兰港口的更新中，低收入居住区被私人住宅所取代[210]。靠近水体居住成为城市居民，尤其是收入较高的青年知识分子的风尚。

另外，近30年来全球文化中对旅游、休憩和户外活动的提倡，造成对开敞空间的消费热情上升。全球范围内，更多的时间和更多的流动性使得整个旅游业得到发展以及所谓的"文化旅游"和"生态旅游"得以出现，沿着水体的开放空间和休闲区域形成与商店、咖啡馆、餐馆相结合的功能复杂的市场，在有条件的地点，还引入了历史、文化的内容，比如建造音乐厅、剧场等，例如建造于水岸边的奥斯陆歌剧院（图 3-3），和当地的历史古建筑修复利用相结合。这些设施不仅为当地居民和传统游客提供服务，也为来自附近地区的游客提供服务。社会对开敞空间的重视和需求，促使政府和市场建造更多的开敞空间，而水岸似乎成了最佳的选择。圣马可广场将历史悠久的水岸相连接，其一度成为中世纪贸易网络的焦点，该网络涵盖了大部分已知世界。今天的水岸广场主要用于旅游业。威尼斯比任何其他世界城市更能体现出港口发展的过程中，历史与艺术吸引力与城市旅游压力之间的尖锐的冲突（图 3-4）。

图 3-3　奥斯陆歌剧院与水岸公共空间　　　　　图 3-4　20 世纪 90 年代的威尼斯圣马可广场

　　在发达国家和一部分发展中国家的发达城市，中产阶级成为社会中坚。拥有较高收入以及可供休憩的闲暇时间，使得中产阶级成为滨水地区消费者中的主要成员。水岸地区濒临水面，视野开阔，是旅游、体育锻炼和其他户外活动的适宜场所。滨水区开发的内容更带有为本地服务的综合性消费特点，如购物、居住以及各种服务业（健身、美容及专业咨询等）。在发达国家，作为娱乐的购物越来越受到重视，这一事实也反映在许多混合开发的水岸项目中。北美休闲"巡航"搭载着购物中心的商品出口到全球各地。更常见的是在水边用餐的兴趣，水边餐厅不断增加，提供在全球范围内越来越受欢迎的各种风格的美食[21]。

　　此外，公共节日在城市中的重要性上升。政府和市场利用节日来推动经济、促发商机，广大市民则希望有更多的活动机会来进行互动和交流，布鲁托梅索认为是水岸上无数并存的娱乐活动给予了城市以生机[106]。当然，引入混合的新活动是振兴城市滨水区和使其成为城市更具活力的一部分的最有效策略之一。因此，在滨水地区往往会举办各种节日活动——音乐节、食品节、航行节、露天演出或体育比赛，例如纽约的南街港美食节、斯德哥尔摩的水节、波士顿的海港节、查尔斯河划船比赛等。据统计，国际节庆协会（International Festivals Association）的成员从 1984 年的 200 个，迅速增加到 1994 年的 1300 个，增加了五倍以上，主要原因是各国都有意识地组织固定的节日以触发商机拉动经济。这些节日活动大多以城市滨水地区为舞台。公园、露天剧场和其他表演场所成为城市居民聚集和欣赏音乐、食物、文学作品、舞蹈或航海时代遗产的汇集点（图 3-5）。

图 3-5　巴塞罗那海滩——典型的供海滩娱乐和游泳的城市空间
（资料来源：刘鹏拍摄）

　　旅游、购物等水岸商业性活动以及水岸办公空间为社会提供了一定的就业机会，然而过度的商业活动也会对本地居民享有水岸公共空间造成一定的冲突。毕竟水岸作为全民的资产，是应该被所有居民所共同享有的。水岸高端地产的开发面临着士绅化的危险，可能会引发社会融合的问题，使得经济利益过度大于社会利益。然而不可否认的是士绅化的过程为许多旧港区注入了新的生命[211]。因此，想要水岸重新获得繁荣，需要赋予其城市经济、社会和文化活动的焦点。一旦活动的中心转移到其他地方，水岸便陷入了废弃并且最终与之相关的经济和人类活动也就消失了。然而，这些活动需要当地社区的介入，因为如果没有社区的参与，这些互动也会变得很表面并且生命力大大削减。

3.2.4　水岸再生与城市生态

希夫曼（Schiffman）[212] 提出了面对环境与发展之间相互联系的三个问题：① 当前的环境是如何影响潜在的发展的？ ② 潜在的发展（例如，船只的增加、水道、更加复杂的水面）是如何影响当前的环境的？ ③ 将来的发展（例如，海平面的变化、气候或者河道管理）将对潜在的发展产生怎样的影响？ 在城市开发与再开发的循环之中，城市滨水区再次成为充满机会的环境。公众想要靠近水体的愿望与许多滨水地区内布满重工业、废弃的码头和带围栏的仓库的现状形成强烈的冲突。滨水区典型的环境评价，对于其物质环境、文化、经济和社会都产生了一定的影响。其中包括土壤（沉淀物、土壤）、水（地下水、地表水、雨水、洪水）、构筑物（地基、建筑物、海上平台、桥墩和桩、残留物、海上遗迹）、敏感物质（废物、能量源、工艺品）、植物群和动物群（植物、动物）、用途（运输、垃圾场）等 [212]。虽然滨水地区开发中有政府和市场的积极合作以及社会上对滨水地区各种活动的需求，但真正令市民们重返滨水地区的原因，还在于滨水地区的环境质量发生了根本变化。数十年前，滨水地区布满了工厂、仓库、码头、受到污染的水体，缺乏绿化。海滨扼杀了许多公司想要寻求一种舒适宜人工作环境的愿望 [213]，更不是居民们寻求高品质居住生活的理想地点。

后工业化的水岸为人们重新建立平衡生态系统提出了更多的挑战，受到工业化时期污染的土地需要进行更加谨慎的处理。在德国，专门的棕地清理计划（Brownfield Cleanup Program）是第一个国家提供市政监管的棕地清理和环境修复项目。该计划通过在开发过程中补贴并帮助业主从而降低棕地重建的成本。埃姆歇河系统的生态更新是园区开发的优先事项。过去埃姆歇河以及它的支流被作为开敞的污水管，流经整个鲁尔山谷，排污系统的启用帮助净化了公园并且削减了进入莱茵河的污水量。另外一个环境改善的例子是，杜伊斯堡内港一个新的住房开发计划，在这个计划中芦苇河床技术被纳入城市环境中，来过滤和清理从开发建设中流出的表面污水。基于当前的商业对环境变得日益敏感的考虑，环境改善被 IBA① 规划者认为是经济复苏的先决条件。纽约经历了工业化大发展时期，如今过渡到逐渐缩减的工业化后期；

---

① 　埃姆歇公园国际建筑展（IBA Emscher Park，后简称埃姆歇公园计划）。

其在滨水环境上也经历了先破坏再治理的漫长过程，从 1990 年代开始，历经 20 年的治理才重现光彩。纽约哈德逊河公园是一个以绿色开放空间模式为主导，更新开发城市滨水工业地带的典型案例，公园作为城市的绿色基础设施，穿越众多街区与地标建筑，把曼哈顿岛西侧的城市开放空间连成了绿色的整体。

要想使滨水地区开发成功，治理水体、改善水质、美化环境是基本保证。清洁的水是当前大多数城市滨水区再生的关键因素，市民生活戏剧性的回归建立在对水体净化的投资上，这一过程在世界各地无数水体净化的工作中得到重复。例如英国的伯明翰运河，长期以来由于水体污染、气味恶劣而被当作城市的"包袱"。但经过十年的努力，清理水体工作收到成效后，运河沿岸很快成为城市开发的热点，吸引了不少公共和私人的投资。而哥伦比亚大学的凯特·奥尔夫（Kate Orff）教授一直致力于水岸研究，曾提出过用牡蛎来清洁水体的方法。为了走向水资源自给自足，新加坡采纳了雨水分流的策略：雨水收集和处理不仅局限于自然保护区，而会应用于每一个降水区域——包括占据新加坡较大陆地面积的密集城市区域。滨海堤坝（Marina Barrage）对于最大化新加坡雨水储备能力并建立可持续水资源供应而言发挥了里程碑式的作用。滨海湾水道河口上建立的大坝成为新加坡第十五座水库及新加坡城内第一座水库。滨海湾水库是最大的城市水库，现在收集着新加坡约六分之一的雨水。新加坡实现了现代城市具有吸引力且充满活力的滨水区，同时整合了水利基础设施与必需的清洁水资源，为城市提供水资源供应。20 世纪 90 年代上海也经历了苏州河的清理工作。随着环保意识的上升，工业和码头的迁移以及政府对环保的重视，环境治理的成效终于显现，水体变得清洁了，空气变得纯净了，环境质量的改善，使滨水地区开发得以成功，使"近水"重新成为一种吸引力。

此外，自然生态对于水岸也有一定的影响。水岸在飓风和洪水面前有时会显得非常脆弱。纽约滨水社区雷德胡克（Red Hook）社区就一直饱受飓风的摧残。为了抵抗飓风的影响，受美国住宅和城市发展部门委托，曼哈顿市举行了"滨水重建"的设计竞赛，关注如何通过滨水地区的创新设计提升滨水社区的抗灾恢复能力。BIG 建筑事务所提出了针对曼哈顿主岛滨水区的 U 形保护系统。作为该大型项目的第一阶段任务，其中的东海岸弹性修复项目（ESCR）旨在探索防洪基础设施如何才能激发更多的社会效益。此外波士顿的历史水岸也面临着自然与气候条件的冲击，针对此状况举办的各种竞赛可能会为我们提供一些水岸与自然关系的新想法。在亚洲，长江三角洲项目（YRDP）是居依·诺丁森结构设计事务所发起的三个合作研究计划之一。这一研究计划旨在为气候变化下的海岸城市创造具有弹性和可适应的城市地景，其中也包括对于黄浦江水岸生态的研究。

3.2.5　水岸再生与城市文化

自 20 世纪 70 年代起，历史建筑的保护和文化遗产的适应性再利用在许多国家受到越来越多的重视。在客观上，是由于经济实力有了长足的进步，因此在文化上有了更高的要求。此外，这在很大程度上是对当时盛行的现代建筑的一种反抗，二战后世界各地的城市规划者和交通工程师对建造的现代建筑钢铁森林，产生了许多负面情绪。人们怀念历史建筑物的丰富细部和人情味，转向重新修复和利用历史建筑物。文化旅游的发展趋势使得城市重新审视保护和修复历史建筑和城市景观中的经济潜力，也引起旅游部门对历史建筑保护和开发的兴趣，同时日益兴起的历史旅游和文化旅游也为历史古旧建筑的继续保护和开发提供了经济上的支持。马萨诸塞州罗威尔镇为了挽救遗产而进行了市区重建，现在成为国家公园的所在地，也是主要的旅游景点。波士顿市中心法纽尔大厅通过修缮与历史环境的整合体现了原有的城市性格[21]。纽约曼哈顿南街港改造充分考虑到历史古迹建筑的保护和协调问题，原有的老建筑得到修缮，码头、船坞、灯塔等历史遗存痕迹得到保留和再利用。汉堡原自由港仓库城是重要的历史文化遗产，对其高大的红砖建筑的保存形成了独特的历史环境气氛。

可以说，在西方国家对于历史建筑保护产生兴趣的时候，历史的建筑保护本身并不是亚洲国家关心的问题，而随后却显示出日益增长的兴趣。例如，新加坡的船艇码头（Boat Quay）和克拉克码头（Clarke Quay）涉及历史保护和主要的水体清理，有意识地保留新加坡城市早期的某些元素，包括最近在办公大楼热潮中复兴了莱佛士酒店，反映了城市公民意识到游客想要看到这个城市"传统特征"的事实。再如，马来西亚砂拉越古晋废弃的海滨地区的戏剧性转变，也是城市不断调整和适应不断变化的经济和文化环境的典型案例。此外，在澳大利亚悉尼岩石区中，政府采取了建筑遗产大规模保护并再利用的新政策。

在许多情况下，对历史保护的欣赏虽然意味着对废弃的海滨进行重建的新方法的产生，然而却并不总是产生积极及时的效果。在伦敦圣凯瑟琳码头，最早的海滨重建工作导致了一些样式漂亮、外观良好的仓库被拆除。同样，伦敦码头上有吸引力的仓库建筑也被拆除了，为报纸工厂腾让空间。然而，由此产生的不良反应意味着后来的事态发展更加令人同情：伦敦港区开发公司虽然在 20 世纪 80 年代声明重视历史建筑保护，然而当时它却早已产生了大规模的新建设。

3.2.6   水岸再生与城市价值

我们将中心城水岸再生的努力视为对于城市价值的一种肯定。这种价值近年来在社会、环境以及文化层面都有体现，包括对于环境的考虑、对于历史遗产保护的兴趣、相关的社区行动以及变化的社区价值等 [21]。他们提出了六点物质条件来解释"城市价值"的定义：

（1）集中的还是分散的物理环境的开发；

（2）对于广泛活动和用地的整合（包括文化景点）还是有限文化遗产的隔离使用；

（3）混合多样还是单一的人口组成；

（4）混合的建筑类型（包括历史建筑遗存等）还是单一的建筑类型；

（5）具有可行走性还是车行主导的（对步行的忽视和反对）；

（6）营造场所感还是对于场所的无视。

广义上讲，城市价值体现了在所有的文化背景中人们的社会化过程的一种直觉。人是社会动物的言论已经不是新的言论了。人们对社会活动的需求，可以解释旧金山渔人码头以及波士顿法纽尔大厅与昆西市场的形成，也可以部分解释迪士尼现象的形成。同时，欣赏传统都市文化价值可以作为对当今主流水岸更新做法的反击 [21]。

水岸再生帮助城市塑造新形象。毕尔巴鄂和上海就是展示水岸是怎样成为表达城市新希望的舞台的两个显著的例子。这两个城市的水岸都有悠久的历史，并且在很长的一段工业化时间内被忽视了。水岸能够为城市创造自己的新身份提供机遇，以及表达城市的现状以及想要成为的样子 [74]。通过文化政策、文化事件、文化竞赛、文化节庆或者是建立文化标志区域等，利物浦、格拉斯哥、上海、毕尔巴鄂、汉堡新城、巴塞罗那等城市，展现给世界一个全新的富有活力的形象。城市营销的方式（Branding & Rebranding）可以增强水岸城市在全球的竞争力。在贝尔法斯特，有一个整合的营销策略——"贝尔法斯特变得更好"，许多再生的努力一直在改善着城市的形象。其通过位于城市拉甘塞得港（Laganside Port）区域的水岸大厅和贝尔法斯特希尔顿酒店而实现 [161]。无论具有什么激励人心的力量——富有远见的市长、充满激情的市民团队、坚定的商业社区、坚持不懈的建筑师，还是远见卓识的政府机构——水岸再生通常都是大胆而富有戏剧性的。许多项目对公民的心理产生了巨大的触动，因为它们对城市的灵魂作出了贡献，并使其居民重新获得了自豪感。

第 4 章

全球化背景下水岸再生的复杂性与矛盾性

4.1 水岸再生的复杂性

水岸再生项目作为"城市巨型项目"（Urban Mega Projects，UMPs），是各方关系复杂性的全面展示。布鲁托梅索[106]在其反思性质的文章《城市水岸的复杂性》中，从功能的多元性、活动的多样性与公私共存三个方面论证水岸作为城市复杂性的范例，并提出了水岸开发的三种标准：重构、再生与修复。

（1）"重构"：在物质和功能层面，赋予水岸不同的地区以整体的意义。

（2）"再生"：振兴城市比较大的区域以及位于中心的区域。

（3）"修复"：重组和恢复现有的建筑和结构。

滨水地区的再开发是极其复杂的工程，它包含了生态、土地利用、社区效益、水文学、房地产经济学、设计和一系列相关学科。同时，在不同的行政等级层面还有一系列的监管和资助的机构。对于之前受污染的水岸的混合开发也变成了城市振兴中关键而困难的一部分，但是同时也是一个重要的开发机会[214]，这也许就是水岸开发的复杂性与矛盾性之所在。理解水岸的再生能够更好地理解城市更新的内涵。

4.1.1 物质环境的复杂性

滨水区域的物质环境复杂性体现在：首先，水岸一般是城市最先发展起来的区域，水岸活动经过历史的沉淀，留有各个时期的特征，这些特征的层叠聚合共同构成了当今的水岸物质环境。其次，水岸空间不仅仅有靠近水的水岸景观带，还包括水岸历史街区、工业遗产、居住空间、公共空间、基础设施、娱乐空间、文化与艺术空间等，在空间的类型上呈现出多样性的并存。

伯德[34]的任意港口模型同样适用于港口生命周期的概念，其设想任何一个给定的港口设施都会经历几个阶段[215]。

（1）增长期：得益于投资来创造和扩展港口设施；

（2）成熟期：获得全部潜力；

（3）退化期：无法与能够容纳更现代化、容量更高的设施的更好的地理位置相竞争；

（4）弃置期：泊位被航运所抛弃；

（5）再开发时期：标志着一个新的经济周期的开始。

图 4-1 中，地理位置从上游到下游（L_1—L_5），时间进程从过去到现在（T_1—T_5），可以看到在同一时刻，河流的不同位置并存有几个不同的港口发展状况；而一个位置也会经历"增长—成熟—退化—弃置—再开发"的周期性变化。这也体现了其物质空间不断更迭的复杂性特征。

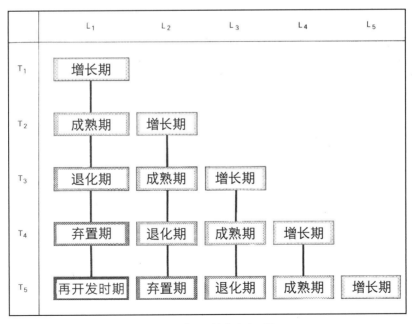

图 4-1　港口区域的生命周期

（资料来源：作者根据相关资料[215]绘制）

4.1.2　利益主体的复杂性

被称为"城市碎片"的水岸区域常常被用来检验城市开发的新方法，在某些案例中它们被赋予了重新启动整个城市的更大的使命。这种复杂性不仅仅包括物质和功能领域，也包括牵涉其中的角色和组织，以及他们互相作用的过程，后者在不断变动和碎片化的城市治理之中，以及城市开发不断增加的情况下变得尤为重要。各级政府、投资者、规划师、设计师、社区居民、学者都是水岸开发中参与性的力量，他们对于水岸再开发的想法与角度各有不同，这有时候需要通过协商来解决。水岸本身作为一个"城市巨型工程"，需要各方力量的共同努力才能完成。然而，尽管水岸再生以及发展的过程常常采取的是公私合作的形式，以及不同部门之间协商的结果，例如城市政府和港务局之间，批评者就指向缺少将当地社区和更广泛的公众引入其中的机会，这不仅仅发生在过程中而且在开发结果最终的受益者中 [192]。

4.1.3　开发机制的复杂性

为了提升竞争力，在全球生产网络中争取更好的位置，城市政府不得不采取更加积极的、企业化的战略 [216]。水岸开发项目因其规模较大，政府因资金或者风险问题，往往主动与私人部门结成"增长联盟"（Growth Coalitions），共同对水岸进行开发。水岸大型开发项目往往与经济放松管制、利益最大化、规划的松弛以及"流水线化的"治理结构相关 [41]。

然而，城市公共空间最终服务于周边城市民众，多尺度参与式设计将民众的参与化延展至整个项目过程。通过参与，从构思初期、项目实施到后期运营，社区民众的意识和愿望得到体现。同时，一个优秀的团队也格外重要，多学科交织促使项目从方案初期就考虑到未来施工及后期经营可能遇到的种种问题，从生态、文化、经济等方面全面复兴该区域。水岸再开发的复杂性还反映在融资过程中。典型的私人开发商融资，主要是场地的收购和前期开发成本、建筑贷款和完工后取出的永久抵押贷款，即使增加了夹层债务或优先股权，也不是一个完全都适用的公式。这其中的风险太大了。融资需要更早和更长的时间。传统的私人融资（债务和股权）可以提供项目的多个利益相关方需要的东西。显然，资本不足的项目将会处于严重的劣势 [214]。

4.1.4　管理体系的复杂性

水岸规划的复杂性延伸到水岸管理方式的复杂性。一些早期的水岸开发的不理性造成了当今城市滨水区产权和地块划分的繁杂和混乱，对现在的改造和管理工作造成了诸多的麻烦。在一个拥有多元利益团体的城市空间进行规划和再开发活动，加之滨水空间物质环境的复杂性，其空间的生产与管理必然是困难与缓慢的。在其管理和维护的过程中，需直面水岸当今所存在的问题。同时，为保护滨水空间的公共属性、监督管理滨水土地利用方式、平衡公共与私人权益，国家必须赋予滨水空间的公共性以法律地位，使管理工作有章可循，最大程度地发挥城市滨水区社会、经济和环境等的综合效益。

4.2　水岸再生中的矛盾与冲突

水岸是一个充满异质冲突的城市场所，这些冲突展现在全球与本地、城市与水岸、过去与现在、个体与个体之间。过去的时间里，伦敦、纽约、巴塞罗那、芝加哥等地的水岸开发大多受到了批评的冲击，经常与设计质量、公共空间的可达性、士绅化、公共设施的供给与社会政策制定等相关[67]。1990 年美国环境部门强调了几个当时新兴的水岸冲突[179]，包括：

（1）与联邦政府减少海滨项目资金和公共资金削减有关的问题；

（2）通过复制水岸开发的"模型"，并将它们运用于特征明显不同的水岸，从而导致的水岸区域特征的丧失；

（3）私营部门利益与公共部门利益需求之间的竞争和其他公共利益相关的困难；

（4）传统水岸工作和生活方式的消失——工作的水岸的消失；

（5）水岸商业的失败；

（6）过度依赖基础设施的公共供给以至于不能使得方案成功等。

霍伊尔[193]认为水岸更新的共同错误是：资金管理的失误、过度的模仿、较差的地域性、没有主要的吸引点及薄弱的交通网络等。其他作者提出了以利益为导向的发展与相关的社会公平、遗产、保护等之间正在出现的冲突[22, 117]。基于本书的观点，本节在后文中列举几个与主题相关的主要冲突（表 4-1）。

水岸冲突的几个主要维度   表 4-1

水岸再生中的 问题与冲突	全球与地域冲突	全球化及标准化
		"迪士尼"现象
		脱离城市地方文脉的城市奇观
	水岸与城市冲突	水岸空间与城市空间的隔离
		水岸振兴未能与城市振兴相结合
		水岸功能与城市功能之间的冲突
		水岸空间未能与城市空间相融合
	历史遗产与 城市发展的冲突	代表城市文化身份的历史遗产的破坏
		历史遗产的商品化、国际化
		历史遗产受众的单一化
	经济与社会的冲突	经济发展过程中出现的士绅化
		市民公共利益的损害
		水岸公共性与私有化的冲突
	水岸物质空间 设计中的冲突	开发的单一用途与多功能
		交通对水岸空间的阻断
		过度开发或者是消极开发
		水岸缺乏有趣的目的地
		水岸公共空间的千篇一律

4.2.1 全球与地域之间的冲突

水岸空间是最容易接受全球化影响的空间，其中港口首当其冲，河岸、湖岸次之。作为城市的流动区域，它具有标志性、引导性等特点，然而它的地域性也是最容易受到冲击的，这种冲击可能是经济性的、社会性的、文化性的、气候性的、迁移性的。全球化带来的标准化水岸开发模式，千篇一律的水岸形象，导致全球与本地文化之间产生冲突，也包括引入一些被奉为经典的开发模式，却导致在当地水土不服的现象。

爱德华兹（Edwards）[217]认为大多数水岸开发项目具有"低劣的设计、特征的缺乏以及千篇一律的形象"。霍伊尔[193]讨论了不同类型的水岸再生，其中有一些创造了平淡无奇的标准化、全球化以及士绅化，另外的一些则更加关注遗产的复兴、社区的发展以及当代文化。这些冲突在城市再发展的大背景下是不容易被解决的。同样地，解决全球和地域之间的冲突也是一个关键的困境。

此外，过度的水岸文化设施建设，已经远远超出了本地和游客的文化消费能力，造成了严重的士绅化现象，在其中"艺术家往往被认为是士绅化的冲锋部队"。这不禁让人怀疑，是促成了文化建设还是使得社会阶层隔离加重的士绅化？另外一些文化项目也沦为大型房产开发的"开路者"。一些水岸过度的娱乐场所的塑造与市民的精神需求并不匹配，造成场所资源的荒废或者是大多数被游客所占有。

4.2.2　水岸振兴与城市振兴间的冲突

水岸振兴成功的一个重要保证就是能与更大范围内的城市振兴相结合，二者呈现互相促进的作用。巴尔的摩内港的更新被认为是一个快速站稳脚跟的案例，并且对巴尔的摩整个内城的更新起到了促进作用。而金丝雀码头因为与伦敦市中心的金融定位相冲突，并且水岸区域开发太过孤立，基础设施的建设预先完成，因此曾一度陷入破产的境地。

4.2.3　水岸历史遗产与城市发展间的冲突

被地理学者形容为"城市的边缘"的城市水岸常常在很大程度上沦为独立的"消费景观"，充斥着士绅化的文化娱乐活动，而这些活动往往却不能反映当地人多样的传统文化。库珀（Cooper）[218]认为这在多伦多已经是一个不争的事实。开普敦（Cape Town）也是一个明显的证据，在这里，商业化、国际化的"可以在任何地方存在的"空间感觉，与黑色和彩色小镇破败的遗址形成鲜明的对比。无论水岸存在多少种多样性，也绝不属于当地的遗产。水岸充斥着各式各样的奇观建筑，然而其空间肌理却与城市历史文脉极不协调。然而，由于其自身的都市氛围及相对安全和卫生的氛围，这些水岸却是国际游客极其欢迎的场所。历史遗存的破坏，造成了城市传统水岸形象的破坏，进而造成水岸城市身份和市民记忆的丢失以及城市空间的塑造与城市当地居民的精神需求不匹配等状况。例如，古根海姆博物馆项目被认为是专门为吸引国际游客和提升城市的形象而开发，而不是吸引当地的居民和推广遗产保护[219]。苏迪奇（Sudjic）[220]甚至认为这个项目是"小国家想方设法引起国际关注"的努力。他指出美国的建筑师弗兰克·盖里（Frank Gerry）被输出进行设计并且获得了设计一系列古根海姆博物馆的特权，并强调了"都市文化和人民独特的地方自我认同感"之间紧张的关系。

4.2.4　经济利益与社会利益间的冲突

决策者们经常渴望的水岸设计和开发计划往往限制了公众的使用。水岸开发的社会利益让位于经济利益。许多振兴是由地产驱动的振兴，而不是社区驱动，这样的过程类似于将水岸开发割让给地产开发，造成地产开发与社区的冲突。世界各地快速发展的城市，如巴拿马（Panama）正在迅速将其主要的水岸空间让位于开发。许多水岸规划工作是由"开发公司"领导的，但是当发展是首要目标时，公共目标和公共参与的过程就会被抛在后面。与任何其他公共空间一样，社区的知识和愿望应该形成塑造水岸发展的框架。当一个城市将水岸的未来交付给开发商的时候，水岸的基本公共精神就会受到损害。发展是这个过程的必要组成部分，但不是唯一的一点。它应该符合社区的愿景而不是取代它。

高端地产开发带来的士绅化造成了一定的社会隔离问题[221]，进而影响了城市水岸资源的公平享有，例如摩洛哥的海岸被高端住宅和游艇所占据（图4-2）。西伯（Sieber）[222] 曾指出，为什么在北美、欧洲以及澳大利亚城市水岸的振兴都不可避免地会涉及士绅化的过程。尽管开发者和规划师都试图去创造一个混合使用的相融合的方案，结合居住、娱乐以及文化开发，其结果往往却是一个被陌生人占据的士绅化的城市空间，无法为当地人提供就业机会。然而更糟的是，当地社区的置换和隔离是政府在监管私营部门发展和规划方面需要解决的问题。

图 4-2　摩洛哥水岸的高端住宅与私人游艇

4.2.5　水岸物质空间设计中的冲突

1. 交通阻断的水岸空间

水岸应该是任何城市的主要目的地之一，而不仅仅是汽车通过的地方。然而，包括纽约、西雅图、巴塞罗那和巴黎在内的许多城市都将通往水岸的通道让位给机动车。高速公路、宽阔的道路和停车场主宰着水岸景观，使人们与公共空间相割裂。对水体利用的关键在于在市中心和水体之间提供清晰的步行连接，并且提供一个具有吸引力的有趣的水岸环境。一些市中心与水岸被停车场、铁轨、繁忙的街道以及工业建筑所阻隔，例如波士顿市中心的水岸被停车场所占据（图 4-3）。开放空间与建筑的设计，无论新建还是修缮，都应该提供可以接近和看到水体的途径。

图 4-3　波士顿市中心的水岸被停车场所占据

2. 水岸私有化与公共可达性

滨水区私有化有多种形式，包括高档住宅和高端商业开发。也有不那么明显的水岸被占据的方式，例如栅栏、缺乏人行横道、入口标识不够明显、通向私人财产的走道——所有这些措施都使得水岸的公共性不明显，公众的可达性较差，从而形成不公平的空间。例如波士顿的水岸被私人旅馆和停车场所占据，公众能够享有的水岸空间，隐秘且有限。水岸本质上的私有化、单维度的开发与设计以及较差的可达性，阻碍而不是促进了广泛的经济和社区效益。豪华水岸公寓的推动对广大公众产生的回报有限。

3. 太多消极空间或者娱乐空间

一个负面的例子是，俄勒冈州波特兰市的大部分水岸地区都是消极地区，缺少多样的活动。当水岸被限制在仅仅拥有与城市建成区相对应的自然环境时，这个地方将失去吸引人群的空间品质。同样，如果想要在不同时段都有生动活泼的环境，那么像游乐场那样占用大量空间的娱乐设施也将很难融入海滨。当与其他用途相混合时，自然区域和娱乐区域在一起的效果最佳。

4. 缺乏吸引人的空间节点

纽约的巴特雷公园城始终保持着公共通道，但是缺乏创造出色场所感所需要的精细活动分层。尽管设计良好，水岸也提供了极好的公共可达性，然而却没有成为聚集场所的潜力。公共空间的千篇一律的线性节奏和韵律感缺乏，只能使人们快速通过而不是想要停留下来（图 4-4）。如果没有特别的地方吸引人群，那么水岸的内在活力就会被浪费掉。创建受欢迎的场所并不意味着依靠大项目，相反，将小型的景点分层并以合适的方式组合起来，例如小型游艇码头、餐厅和游乐场，都可以使水岸变得活跃，这远远超过任何单一的使用（图 4-5）。

图 4-4　巴特雷公园城线形水岸空间　　　　图 4-5　上海浦东杨家渡渡口附近水岸篮球场

5. 太过封闭的水岸建筑设计

今天的多数水岸已成为独立封闭、标志性的建筑物所在地。这些建筑物的设计既不能促进公共活动，也不能将建筑物地面层的活动与周围的公共空间联系起来。事实上，这些标志性的建筑物抑制了公共活动，削弱了水岸的场所感。尽管美国威斯康星州密尔沃基市的美术博物馆坐落在密歇根湖畔，但它并没有支持周围公共空间的活动。西班牙毕尔巴鄂的古根海姆博物馆以及位于巴黎左岸的多米尼克·佩罗

（Dominic Perrault）设计的法国国家图书馆都有同样的问题，甚至受到了"自私还是历史感"的质疑[223]。依赖于引人注目的设计来引导水岸复兴的成功只会是短暂的。一旦新奇感消失，需要有一些实质性的东西让人们再次回来。

6. 单一用途而不是多用途的开发

水岸地区通过单一商业活动（如酒店或会议中心）而变得私有化，或者是通过建设一些私人住宅使得非住户无法使用水岸空间。即使将土地预留给公园这类公共设施的建设，也可能会无法达到标准，因为它们的设计可能仅限于被动使用高度结构化的娱乐活动。由于大多数海滨地区往往以荒废的形态被发觉，似乎任何类型的发展都会受到欢迎。然而，当某一特定用途占据主导地位时，水岸的长期潜力就会下降。

我们经常看到单用途的开发如何阻碍滨水项目的成功。私人开发狭隘地集中在公寓或其他高档用途上，只为社区的一小部分公民提供服务，浪费了创造真正公民资产的绝好机会。温哥华的城市建设经验告诉我们，水岸的高层住宅大楼阻止了公共用途的蓬勃发展。可以预见的是，强调大型独立项目的水岸规划会导致单独使用的开发（更不用说非常昂贵的地产项目了）。而且，任何时候一种用途在一个地区占主导地位的话，其他活动就没有容身之所了。另一个危险是发展单一维度的开发促成了单一维度的设计。当目标仅限于建造标志性建筑或创造开放性空间，而不是为了吸引公众到一系列生动的目的地而作出更大的努力时，水岸社区就会丧失真正的活力。这是目前纽约布鲁克林大桥公园（Brooklyn Bridge Park）的一个问题[201]。

4.3　结语

水岸再生映射出后现代全球化进程中的空间变化，其中包括生产方式的转变，全球、区域与城市空间的重构以及政府治理方式的转变等。水岸开发不是线性的[224]，不是单纯地基于基地内残存的地景的再改造，它必须与水岸深入城市的腹地相结合，也必须与城市发展的大的策略相结合，这样的水岸开发才能获得真正的成功。水岸开发探查全球化（Mapping Globalization）的能力，是为了让我们清楚地认识到全球化过程中的我们自身。中国的城市正如若干年前的西方城市一样，正处于步入后工业时代的关键时期。在未来的若干年，大量废弃工业码头会散落在沿海城市。中国过去的几十年经历了大拆大建，城市面貌发生了巨大的改变，这样的改变带来的是地域特色的丧失。西方国家后工业的改造之路探索了 60 余年，经历了很多思考和实践，对地域文化的阐述和城市公共空间的营造具有相当多的探索和经验，这对中国未来的改造之路具有重要的借鉴意义。

第 5 章

全球与本地互动关系中的空间观——一个研究的框架

5.1 全球与本地的联结

5.1.1 全球城市与世界城市

全球城市（Global City）一般是指对全球资源配置具有控制力以及对全球经济具有重大影响力的城市，是在全球化进程中逐步形成和发展起来的。1991 年，社会学家萨斯基雅·萨森（Saskia Sassen）首次提出"全球城市"的概念，并基于经济全球化和服务经济迅猛发展的趋势，系统阐述了全球城市的功能特征，主要涵盖三个方面：① 强大的全球资源配置能力和全球综合服务功能。全球城市为全球要素集聚、组织集聚、人才集聚、产品交易活动集聚区域，在全球经济体系中居于主导地位，发挥全球化的集聚、整合、辐射、引领功能。② 自我更新、自我革命的内在机制和创新能力。全球城市在发展过程中注重吸收最新发展理念、把握前沿技术、创新发展模式，以内生持续的创新能力保持在全球城市体系和竞争格局中的主导地位和领先优势。③ 以人文环境和人力资源为核心的城市软实力。全球城市积极拓展文化创意产业、提升文化品牌、营造文化氛围，集聚创新创业人才，以具有竞争力和吸引力的城市软实力集聚高端资源，强化在全球城市体系和竞争格局中的独特竞争优势。[225]

同时，根据萨森的定义，全球城市应具备以下功能：① 世界经济组织里高度集中的发令点；② 是金融和专业服务公司的关键区位，同时专业化服务业取代了制造业成为主导产业；③ 生产基地，包括领导产业的创新生产；④ 产品创新的市场。[225]

经济学家约翰·弗里德曼（John Friedman）也曾经指出国际化大都市的七个指标：① 世界主要的金融中心（巴黎、伦敦、纽约、东京、法兰克福等）；② 跨国公司总部所在地；③ 国际组织的集中点；④ 第三产业的高度增长；⑤ 世界主要制造业中心；⑥ 世界交通重要枢纽（航空、航海、信息）；⑦ 城市人口达到一定规模。[226] 全球城市中的层级已经确定，纽约、伦敦、东京和法兰克福等城市成为中央城市，成为最大的金融机构和跨国公司的全球总部，进行与控制金融和资本集中有关的全球霸权职能[227]。全球化时代，企业内部和企业之间的竞争和联系日益激烈，人力素质（普通教育、专业教育、创造就业机会、团队精神、领导能力等方面）与人力资源相比，起着更重要的作用。有人认为，去物质化正在发生，也就是说，每个单位生产的原材料越来越少，技术、生产和物流的整合越来越多[159]。

5.1.2　全球与本地力量对城市空间的塑造

全球化时代，城市经济社会影响力跨越原有边界带来了新的城市空间类型：例如世界城市 / 全球城市（World City/Global City）[225, 228] 就是在全球生产网络中占据主导地位，具有强大的经济、政治和文化权力的城市；而全球城市区域（Global City Region）[229] 则是指全球城市及其周边有着紧密经济社会联系的腹地，它们共同完成全球城市的各项职能；多中心城市区域（Polycentric Urban Region）[230]，是在世界各地普遍出现的、由多个功能区域共同完成特大城市职能的现代城市空间组织形式。当然，还有一些新的城市与区域空间形式，它们在纯粹物质空间的意义上表现出城市化景观的变化，如跨界的区域（Cross-border Region）[231]、拓展的都市区（Extended Metropolitan Region）、新产业区（New Industrial District）等。

"当分析超越描述全球城市的特征，并开始解释创造和维持它们的过程和治理机制"时 [232]，它对某一特定地区的分析是最薄弱的。这种弱点导致了考虑当地的情况以及在城市空间创造过程中全球和地方之间的相互作用的文献的出现。罗伯逊（Robertson）[233]、贝克（Beck）[234] 和卡斯特 [235] 的研究考察了全球与地方之间的动态和辩证关系。他们的全球化理论，将网络社会视为一个无限开放的过程，尤其是一个变化的过程，在这个过程中，社会在与全球化约束的对抗中平衡他们对传统身份（国家、区域和地方）以及社会文化性格的认知。这种更加辩证的方法表明，尽管全球化对城市产生了影响，但城市本身在影响全球化进程本质上发挥着重要的经济、社会文化和政治作用 [216, 236-238]。这种全球—地方的二元论也被称为"地方的光学"
（The Optics of the Local）[239]，它描述了"全球化表达每个地方独特的阶级、文化、
权力的整合和国家 / 社会关系"的方式。

全球化也导致了地方和区域表达上文化形式的扩散，代表了当地反应对这一现
实以及对全球化力量的抵制 [240]。全球化对城市生活的各种经济方面的积极影响有时
可能被某些群体所受到的负面影响所抵消。这些负面影响包括对当地身份和文化丧
失的恐惧、社会或环境条件的恶化以及由于赢家和输家日益两极分化而造成的社会
冲突。杨（Yeoh）[241] 总结：

"新兴文献阐述了地方力量和全球力量间的相互作用，这种相互作用表现为这些
城市承担着外国直接投资、进出口和移民劳工起落的空间影响 [242-247]，作为全球化信
息市场 [248]，以及作为高级远程信息处理技术和新通信技术的节点和网络 [249-251]，作
为企业控制职能的场地 [252-254] 和工业集聚地的场所 [255]"。

全球和地方力量相互作用时，城市空间既不是有限的地方和局部的结果，也不是
纯粹的高度移动性资本、人力、图像、标志、符号流动的结果。相反的是，"全球化
的真实性是当它与特定的文化和环境接触时，会受到多样的拥护、抵制、颠覆和利
用" [256]。城市空间的变革是通过城市大型项目的开发和再开发实现的 [238]。2001 年基
于对温哥华和上海的研究，克里斯·奥尔兹（Kris Olds）指出了全球化对城市空间创
造五个方面的影响 [81]：

（1）国际金融体系的发展和结构调整增加了通过外商直接投资（FDI）的融资和
信贷的可行性；

（2）房地产市场全球化与金融、外商直接投资（FDI）结构调整的全球化相连接；

（3）跨国企业利用全球金融系统和房地产市场全球化在大型城市项目上与世界范
围的国家合作；

（4）社会关系的灵活性，世界社会网络和知识共同体的增加，特别是那些有着影
响地方项目决策过程的资源和力量；

（5）旅游和网络促进了能够影响大型城市开发和再开发的知识转移和信息的
交换。

这五个方面体现了全球化推动全球金融体系和知识转移的能力，影响着大型城
市的开发和重建项目。然而，奥尔兹还表明一个具有积极的法律发展、政治动力和

可以获得重要资本的传统国家，可以在决策过程和制定发展战略的规划方面发挥至关重要的作用。这一点的发现对于东亚发展中国家具有着特殊的意义。新加坡发展成为全球城市是国家发挥积极作用的一个类似的例子[257]。国家中政府失灵的言论也没有促进市场主导型企业精神。斯温格杜夫（Swyngedouw）指出，尽管市场引导和私人投资夸夸其谈，大型欧洲城市发展项目几乎无一例外的是由国家主导并且大部分是国家资助的，国家在发展过程中起了领军作用[258]。当代世界城市的地缘经济嵌入在本土有关或无关的资本、商品和劳动力的跨国流动中，中央政府和地方政府在创造它们的过程中发挥着重要作用，意识到这点是很重要的。一个国家或城市是否能够利用地缘政治形式取决于国家政治应对外部环境的能力[80]。

5.1.3　水岸再生研究的地方—区域—全球空间层级

20 世纪 70 年代以来，在资本主义日益非物质化的背景下，城市更新已经成为新自由化、后现代化和全球化进程中一个强大的口号[259]。如果要定义一个空间的过程，尤其是后工业化的城市中，那么港口地区的城市更新必然是一个应该受到关注的例子，其更新过程在地方、区域以及全球几个层面都产生了影响[238]。

科斯塔曾经指出水岸更新是一个地方—区域—全球的过程[73]。

（1）地方层面。具体的水岸更新案例中，当地城市规划管理、城市参与者、场地特色、城市融合、当地气候等要素出现在每个项目的过程中。

（2）区域层面。涉及滨水地区腹地的维度，涉及一些基础设施、设备和滨水公共空间的影响，以及所需的高水平投资等。

（3）全球层面。尽管每个水岸更新都有自己的特点，但是滨水地区更新运作是一个全球性的现象，有着共同的经济背景、相同的城市规划问题和城市设计的作答类型，通常对于有特殊金融和智力投资的城市而言，是关键的干预措施。

本书研究的一个重要方面在于对全球因素和区域因素之间的相互作用及其对创造城市空间的影响之理论分析。尤其是在全球文化与本地文化冲突的前提下，本地的文化如何进行生长和更新。城市理论是与网络社会和全球城市相关的理论，用以解释城市空间建设中所产生的重大变化。它是以空间的理论为前提的，也就是空间是其得以成立的介质。一个已确定的影响来自网络社会的出现，它将运行于城市内部的传统组织之间的关系转变成更为互相牵制、互相依赖的关系，这为新的城市治理方式提供了背景。另外一个影响来自于经济全球化和全球资本流动所形成的全球城市网络。在全球城市 [159, 225] 和世界城市等级（World City Hierarchy）[226, 256] 的导引性研究下，城市已变成驱动经济全球化的力量，同时城市为了存续，日益依赖于其与全球经济的联系。这些城市研究的本质在于，它们突出了全球资本流动和信息传递在互相关联的全球和区域的经济体系，以及城市空间建设中的关键作用。

　　认识到全球力量和地方力量对城市的作用，以及地方发展过程中所表现的全球和地方之间的二重性。地方发展战略的规划根植于地方的政治和经济形势，受到本地的文化与价值观念的影响，但也日益受到全球作用的不确定性的影响。如何更好地制定本地发展战略以应对发展过程中的复杂性、变动性和不确定性，这直接受到该地区看待本地和外部世界方式的影响，也受到区域发展过程中其政治和经济制度的运行、调整和适应方式的影响。在这种意义上，制定区域发展战略更是一种学习的过程，在这个过程中为了适应变化的要求，需要应对新的形势并作出调整。由于中国选择了按照东亚发展模式实施经济改革，它模仿了某些制度结构，而这些制度结构帮助其他国家和地区实现了高速的经济增长。这些战略在上海的地方制度体系构建中发挥了作用 [80]。在全球化与本地化的层面，水岸空间的再生作为一个介质，连接并传达全球范围的政策影响以及本地的回应 [178]（图 5-1）。

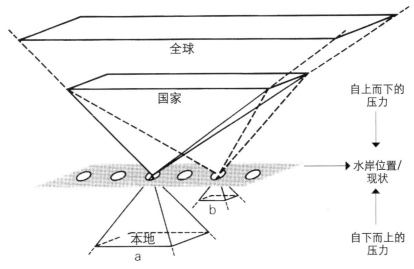

图 5-1 全球与本地关系中水岸再生分析的一个框架

（资料来源：作者根据相关资料 [178] 改绘）

5.2　空间在不同维度的映射

5.2.1　空间的物质性

空间的物质性是一切得以衍生的基础。而空间物质性的核心则是建筑与其形成的城市空间（本雅明也将城市和建筑看作是现代性的核心）。在社会、政治、经济变化的过程中，城市的物质性基础设施和空间结构代表了一个相对稳定的基点[260]。

整个20世纪对城市形态的再现越来越具有全球性和直接性。空间的物质性是载体，物质空间衰败的时候，就难以满足人们的社会、文化、政治需求，这时候需要通过空间再生产的手段进行空间的重组。在社会、政治、经济变化的过程中，城市的物质性基础设施和空间结构代表了一个相对稳定的基点[260]。

传统的建筑与城市规划学者都是基于城市物质空间的研究。例如建筑史学家斯皮罗·科斯托夫（Spiro Kostof）的两本经典著作《城市的形成：历史进程中的城市模式和城市意义》（*The City Shaped: Urban Pattern and Meaning Through History*）[261]和《城市的组合：历史进程中的城市形态的元素》（*The City Assembled: The Elements of Urban Form Through History*）[262]中对于城市发展模式及形态的总结，包括以英国康泽恩（Conzen）学派、意大利穆拉托利—卡尼吉亚（Muratori-Caniggia）学派和法国凡尔赛形态（Versailles）学派为首的三大城市形态学研究学派在内的ISUF（International Seminar on Urban Form）体系，以及凯文·林奇（Kevin Lynch）的《优秀的城市形式》（*Good City Form*）[263]、《城市意象》，卡伦（Cullen）的《简明城镇景观设计》（*The Concise Townscape*）[264]中对空间与场所的研究；阿尔多·罗西（Aldo Rossi）的《城市建筑学》（*The Architecture of the City*）[265]从类型学的角度分析了城市与建筑建设的规则和形式；此外，建筑地理学、城市地理学等研究门派都重视对于城市物质空间逻辑的研究。

城市物质空间以城市建筑为基本载体，为居民生存、生产和生活提供居住场所和生产空间环境设施，并为区域可持续发展提供基本的物质支撑[266]。如果忽视了物质空间的重要性，城市也不会获得成功。当城市从工业功能转向经济服务功能，它的成功很大程度上依赖于城市物质环境的品质。在这方面，水岸发挥着至关重要的作用。水岸常常是城市最衰败的地区，是城市旧中心工业化的场所。水岸也是大多数城市中较易识别的区域。城市的形象可以通过这里的改变而得到更新。空间的

形态和类型以及肌理应该是研究的落脚点，也是建筑与城市规划学科研究的本体
依据。

5.2.2　空间的权力

　　米歇尔·福柯曾经说过：空间术语可以重新审视权力关系，并且聚焦于权力在
话语实践中所产生的切实效果。他将权力纳入空间体系中，形成了自己独特的空
间—权力观。空间是任何公共形式的基础，也是实现权力运作的基础。在《空间、知
识、权力：福柯与地理学》（ *Space, Knowledge, and Power: Foucault and Geography* ）
的访谈中，他进一步提出了一种空间权力的批判思想，认为现代国家对个人的控制
和管理借助了空间这个手段，通过规划空间赋予空间一种强制性，达到控制个人的
目的 [267]。城市空间实际上暗含着巧妙的"统治"目标，权力借助城市的空间和建筑
的布局而发挥作用。城市空间是统治阶级实施社会统治和权力运作的工具，既是利
益角逐的场所，又是利益角逐的产物。

　　美国社会学家、地理学家大卫·哈维在《叛逆的城市：从城市权力到城市革命》
中也提到了空间与权力的关系 [268]。奥斯曼的巴黎城市空间改造实则是城市管理空间
的变化，通过城市化的方式，解决资本过剩和失业的问题。因此，巴黎改造成为当
时稳定社会的基本途径。奥斯曼对于巴黎景观进行干预的根本原因在于，建筑和城
市规划与权力和社会控制的联系。重建后的巴黎，为"那些在世界各地兴起并扩张着
的城市，无论是圣地亚哥还是西贡"，都提供了一种再开发的模式 [269]。丹尼尔·伯
纳姆（Daniel Burnham）为芝加哥的再开发设计出的 1909 年的方案，无疑是复制巴
黎的形式和神韵。作为纽约大都市再开发的"权力经纪人"，罗伯特·摩西（Robert
Moses）使自己介入到公共资金的资源与影响私人开发者的决定中，通过修建高速
公路、桥梁，提供公园和都市复兴而重塑整个纽约大都市地区。而在列斐伏尔看来，
奥斯曼的巴黎改建和尼迈耶的巴西利亚新城都是设计师分离和抽象空间的典型案例，
在其中，是国家的政治权力主导了城市空间的生产过程，设计只是政治权力的一种
工具。

　　现实中，区域层面上的治理网络重构主要表现为新区域主义的理论与政策（下文
将对其进行阐述）；而城市层面上的空间重构与治理重构则主要表现为城市政府角色
的转换。为了提升竞争力，在全球生产网络中争取更好的位置，城市政府不得不采

取更加积极的、企业化的战略，成为"企业型的政府"[216]，主动与私人部门结成"增长联盟"，这种公私合作也被称为"增长机器"[270]，鼓励、促进或保持地方经济发展。这个时期，规划开始转向通过任何途径来促进城市增长。既然城市成为创造财富的机器，那么"规划的首要和主要目标就是给这个机器上油"[271]。

大卫·哈维在 20 世纪 80 年代末创造了"都市企业主义"这一术语。"都市企业主义"（Urban Entrepreneurialism）理论指出政府从"管理主义"转化为"企业主义"[216]。这一转变突出表现在城市变得像企业一样，也需要"营销"（Marketing），而城市的空间环境与意象成为竞争中的重要资源。改善空置工业区破败的建筑、对污染土地的生态型修复、利用大型事件来宣传城市形象，是争取大公司落户某一地区的基本措施。他将这一现象总结为城市治理从重视服务供应到重视经济发展的明确的转变。哈维认为这种演变与现有的城市"助推主义"（Urban Boosterism）的形式完全不同，其中包含有明确的公私合作。都市企业主义的发展被认为是对更广泛城市化进程变化的响应以及构成要素，这一进程与福特主义的消亡和灵活累积策略的出现相关。

增长机器理论（Growth Machines）①，是对地方政府的一个特点的描述，即市政当局基本上是增长的机器，这些机器通过用纳税人的开支鼓励房地产开发，为当权者制造财富。社会学家哈维·莫洛奇（Harvey Molotch）在 1976 年观察发现，增长中的共同利益是团结和政治动员社会上层人士的诸因素中的一个[270]。

城市政府的这种治理重构产生了大量纯粹空间意义上的新城市景观，比如基于公私合作伙伴关系（Public-Private Partnership）的城市复兴（Urban Regeneration）运动中，涌现出大量的城市再开发案例。在北美发生的水岸再生就有着悠久的公私合作的历史，例如巴尔的摩内港、波士顿的水岸开发，同样的特征存在于巴黎的拉德方斯、悉尼的达令港、巴塞罗那的奥林匹克码头、温哥华的太平洋广场、亚特兰大的桃树中心等。然而，这通常被认为是当选的政府官员和私人开发利益团体一起，以牺牲居民和对增长机器目标没有贡献的企业的利益为代价，来充实自己和其盟友[198]。此外，城市政府还热衷于投资娱乐设施和举办重要活动，如世界博览会、城市文化庆典、奥运会等，以此赋予工业化城市以新的身份，使之符合全球化经济的需要，并为当地寻求新的经济角色，这种行为也促进了大量新城市景观的产生[272]。

---

① "增长机器"的基本特点：以土地为基础；城市空间企业家的联合体；促使城市政治按照联合体追求的经济扩展和财富积累的方向发展。

更新政策是由政府实施来达成的特定的公共政策（无论这个定义多么不明确）[273]。萨森[274]认为，国家层面的权力丧失为地方一级的权力的新形式和政治带来了可能性。由于大城市集中了最先进的服务部门和大量边缘化人口，城市已经为新公民的身份实践提供了背景环境。在这里，她对权力和存在进行了区分，认为无权的政治团体仍然可以通过声称城市的权利而产生存在感并获得知名度。虽然他们对城市权的斗争不一定会带来权力，但他们的存在为新的政治主体的出现提供了"操作和修辞的开放性"。

同时，权力的关系可以通过城市景观进行表达。城市更新所塑造的新的城市形象可以作为空间政治权力的象征：例如曼哈顿的城市形象、陆家嘴的都市形象以及上海世博园的中国馆等，这类似于沙朗·佐金（Sharon Zukin）笔下的权力的景观[275]。

5.2.3　空间的资本

如果说城市化造成了城市资本在特定时间、空间内的积累，那么城市的再开发必然会导致城市资本的调整和再分配。通过城市化的过程进行空间资本再分配的例子，最著名的就是奥斯曼的大巴黎改造。19 世纪，拿破仑将奥斯曼召至巴黎，命他负责巴黎的市政工程建设。由奥斯曼指挥的城市空间改造，实则是城市管理空间的变化，是通过城市化的方式，解决资本过剩和失业的问题。因此，大巴黎改造成为当时稳定社会的基本途径。在奥斯曼的大巴黎改造中，除了采取空间扩张的方式，也采取了类似凯恩斯的体制，利用债务融资，改善城市基础设施，从而达到解决剩余资本的出路问题。这种运转良好的体制使得巴黎成为 19 世纪的世界之都，并建立起了全新的城市生活方式以及全新的城市人格。

大卫·哈维认为"空间是资本作用的产物"，资本主义的城市化实质就是资本的城市化，城市空间的建构和重构就如同机器的制造与维修一样，都是为了使资本运转更有效，创造出更多的利润。他认为城市建设就是生产、运输、交换和消费的物质基础设施的建设。哈维分析了城市景观形成与变化和资本主义发展动力之间的矛盾关系，在此基础之上建立了"资本循环"（Capital Circuits）理论，他指出城市景观变化过程中蕴涵了资本置换的事实[276]。其早期的工作将文化转变与建筑文化、经济学的转变相关联，但同时也涉及关于空间修复（Spatial Fix）的概念以及各类成熟的经济秩序（Economic Order）都倾向于产生一系列可预测的空间结果（Spatial Outcome）

的想法，以及最常见的，在哈维的构想中，对稳定的经济区域的冲击（Shock）或者转变（Transformation）会对空间和社会结构造成扰乱[176]。

从20世纪70年代后期开始，人们逐渐意识到了城市更新应该更多地对经济进行考量。彼得·霍尔（Peter Hall）在1977年的《城市白皮书：内城的政策》（*Urban White Paper: Policy for the Inner City*）中指出，爆发于20世纪40—50年代的城市内城的问题事实上是城市经济的问题，从此引起了政府对城市贫困和城市经济复兴的重视[277]。之后，英国走向了更加重视市场机制的城市复兴，其重点是如何振兴城市经济。

从某种程度上讲，城市更新可以被定义为：对一个地方撤资一段时间后进行再投资的过程[121]。我们将更新政策定义为无论是在国家还是市场的驱动下能够促使更新发生的各种机制。城市更新可以被看作是，在仅仅依靠市场力量无法满足发展的情况下，一个能够逆转城镇和城市在经济、社会和物质方面衰退的过程[278]。城市更新往往涉及商户的搬迁，旧构筑物的拆除，居民的迁移，以及以政府名义对私人物权进行赎买以备市政级别的项目开发之用。经济、社会和建成环境能够以适当的方式加以调节规范，以确保城市财政制度的健全合理，以及资产的开发是以一种有助于创造能够吸引市民和游客的公共空间的方式来进行。城市更新的趋势要么是对弱势区域和群体的资源的再分配，要么是通过产权引导和市场引导的方式促进经济增长，并随着时间的推移逐渐向后者倾斜[126]。

资金流是影响城市建设的重要因素之一，它们能够帮助建立城市内在的成功机制，但是资金作为一股强大的势力，既能促使城市的再生，也能造成城市的衰退。资金的来源、目的以及能否到位，是其主要的特点。资金流主要有三种来源：一是来自常规的非政府借贷机构的信贷；二是由政府提供的源自税收的资金；三是来自非官方的非正式的私人或私有组织的投资。这些资金在城市急剧性变化方面会起到决定性的影响，而在渐进性变化方面则影响很小。城市发展的理想状态是渐次、持续、复杂和温和的，而非剧烈和迅猛的。因此，作为产生城市急剧性变化的城市建筑综合体，建设资金的使用需要十分谨慎，防止以上三种资金急剧性使用所产生的不良后果。政府资金尤其应该避免急剧性的使用，以免给私人或私有组织的资金有可乘之机。

经济全球化改变着大城市的发展方式，城市空间是经济活动的载体，城市更新试图改善去工业化的负面影响，使城市吸引全球经济中新的投资。政策的目标是将开发和投资导向那些最需要的地区。如果放任他们自行决策，开发商会选择将开发定位在能满足最高需求的最廉价的土地上。在英国，这会导致被迫放宽对绿地开发的限制，特别是在伦敦等城市。因此，城市更新的核心是利用一系列的规划法规和政策，鼓励开发商在破败和废弃的城市区域进行投资的一个政治策略[127]。

随着全球化进程的加速，金融资本在世界经济体系中的作用越来越大，新自由主义（Neo-Liberalism）也很快在金融资本中找到了最有利于施展自身力量的场所。新自由主义也体现在政策的许多方面。主要的特征有：效率就是一切，资本是达到效率的唯一手段；动用政权的力量来为资本开路，为资本提供各方面的权利以使其利益最大化；市民的权利被忽略，这也是资本走向极致的必然结果。在具有新自由主义特征的政策中，资本权力和政治权力总是结合在一起，而社会力量通常被排挤出决策过程之外。

在空间资本的重组过程中，城市更新又往往与士绅化①的现象相联系，通过生产的视角可以说明对特定土地的投资资本不均导致了这一现象的产生。士绅化被看作是对于中产和上层阶级的一种奖励，指"富裕的阶层购买或改建破败的城市街区中的房屋和商店的过程"。士绅化提高了房地产价值，为居住地区增加了税收和投资，然而随着中产阶级的回迁，低收入家庭和小型企业逐渐被取代，之前由原住民所创造的社区活力也遭遇了打击。众所周知，这就是摧毁纽约苏荷区的力量。同样，南巴尔的摩通过高档化的方式所做的街区复兴也取代了原先充满活力的街道生活。在当地人的眼里，"振兴"同时也意味着"失去活力"。同样，纽约曼哈顿"高线公园"的改造对附近房价产生了巨大影响。这种公共空间的建设大大减少而不是提高了为所有人创造共享资源的潜力，剥夺了原住民创造共享资源的权利，共享资源本身也会因此而面目全非。

在经济学中，资本是生产要素之一。除此之外还存在着由此衍生出的其他的资本之间关系的探讨，如社会资本与文化资本等。布迪厄认为上层建筑与经济基础起初是不能分离的，"经济资本处于所有其他资本类型（文化资本、社会资本和象征资本）的最根本处"[279]。布迪厄有力地阐明了文化资本、社会资本与经济资本是可以

---

① 士绅化这一术语通过生产的视角说明对特定土地的投资资本不均是导致这一过程的原因，而通过对局部土地的不当使用和系统性的撤资可以使其贬值，通过流动的资本创造可在一些土地上获得再投资以获利的机会。

相互转化的。但一般情况下，经济资本似乎更容易转化为文化资本和社会资本，而文化资本和社会资本却难以转化为经济资本。

5.2.4　空间的社会性

城市（社会）空间是一种社会产品，每一个社会和每一种生产模式都会生产出自己的空间[280]。空间生产理论将城市空间的物理属性与社会属性辩证联系在一起，视城市空间为社会关系再生产的物质工具，并认为城市空间的组织和意义是社会变化、社会转型和社会经验的产物，即特定的社会结构根据自身需求生产出特定的空间。

为说明空间的社会属性，列斐伏尔在《空间的生产》一书中提出了空间生产的三种类型①，哈维根据列斐伏尔的三种空间生产类型又增加了三方面内容②。从两位新马克思主义学者的观点我们可知空间是社会的载体与容器，同时曼纽尔·卡斯特（Manuel Castells）构想了空间和社会结构辩证的关系，即"空间的转变必须被作为社会结构转变的说明，我们必须运用空间结构这个术语来描述社会结构空间化表达的这种特定方式。"

在一个社会多元和竞争激烈的环境里，城市更新不应该被单纯看作是赢利性的工程技术行为，它具有更高、更广的社会与经济目标。在一定程度上讲，城市更新是城市发展永不停滞的脉搏，永不衰竭的动力。伦敦城市大学社会政策学教授诺曼·金斯堡（Norman Ginsburg）在《把社会纳入城市更新政策》（*Putting the Social into Urban Regeneration Policy*）一文中强调：城市更新一向是被房地产开发和经济力量主导的政策领域，因此其作为一个社会政策要素的作用往往被忽视。而社会层面的更新，即在贫困社区的福利服务能够得以改善和适当的传递，以及在更新过程中当地社区的重新赋权，却从来没有突出的表现[281]。

城市更新作为一种社会过程的意识早已经出现，在南欧城市更新经验中，关于城市更新的相关术语"修复"（Rehabilitación）除了"回归到之前的状态"这第一层

---

① 列斐伏尔提出空间生产的三种类型是：物质性活动空间（指固定空间内或跨空间的物质和物品流动、转让和互动，以保证生产和社会再生产）、空间的标识（指能够表达和理解物质空间活动的所有日常性或专业性标志、符号和知识，如工程学、建筑学、地理学、规划学或社会生态学等）和标识性空间（指社会创造物，如代码、标志和符号性空间、特殊建筑物、绘画、博物馆等，能够使空间活动产生新的含义）。

② 哈维增加的另三方面的内容是：可接近性和距离，说明人类活动的距离的作用；空间的分配和使用，说明个人、阶级和社会集团对空间的占有和使用方式；空间的统治和控制，即个人和社会集团控制空间组织和生产方式的程度。

定义之外，第二层定义是"重新建立自身的权利"，这也体现了城市更新的社会性层面，城市政策也在努力争取实现这一目的：重建所有公民的权利，不论他们住在哪里[282]。

城市化的推进与深化使城市权利问题凸显。城市权利就是主体人——无论是城市市民还是农村居民——都有在城市这个空间中获得基本的居住、生活并进行城市管理等权利。这种权利随着城市化的发展、城市社会的形成而成为一种重要的权利。水岸曾被用作城市社会学① 家的主要案例，例如索亚[65]、哈维[283]、卡斯特[64] 等。在本书的语境中，水岸空间也可以被理解为一种"边缘化的"空间，在再开发过程中，边缘化的空间转变为新的中心性空间，原本扎根于其空间上的社会关系大多数情况下也被连根拔起，新的社会关系取而代之，呈现出一种颠覆性空间翻转，空间的社会性呈现断层。

1968 年列斐伏尔写作了《接近城市的权利》，对现代城市化问题进行了反思。大约同时，哈维出版了《社会主义与城市》[284]，对城市权利与社会正义的关系等问题进行深度反思。2003 年福柯出版了《城市权利》，对城市权利与公共空间的关系进行了专题研究[285]。2011 年索亚出版了《寻找空间正义》[286]，对城市权利的空间性进行了探索。大卫•哈维对列斐伏尔的经典文章《接近城市的权利》的反思性评价中，主张"城市的权利不仅仅是获得已经存在的权利，还是我们追随自身心愿改变它的权利"[287]。

萨斯基雅•萨森在《大驱离》一书中探讨了一种全新的概念"系统边缘"，以及此边缘的关键动力："驱离"——即人、事、物如何被从经济系统、社会系统及生物圈系统中驱离。其核心的假设是："我们由凯恩斯主义转向全球新自由主义，这对某些人来说是民营化、去管制化、开放国界的年代——而此中涉及动力的转换，由纳入人民转向逐离人民。"萨森认为 20 世纪 80 年代之后与之前是"断裂"的，在 1980 年代之前，无论是奉行凯恩斯主义或共产主义的政治经济类型，"尽管存在着各种形

---

① 城市社会学研究与其他学科发展的关系，自 19 世纪 90 年代诞生以来经历了四个阶段：
第一阶段，脱胎于人类学、生态学，更接近于人类生态社会学的研究。
第二阶段，研究工具带动了研究方法的改变，促成人类生态学彻底向城市生态学的转变。
第三阶段，20 世纪 70 年代，城市社会学、地理学、政治学学科领域群体性地以马克思主义为批判的理论基础，并发展融合，形成了当代城市社会学。
第四阶段，正在进行的阶段，是以中国为代表的发展中国家的城市社会学研究发展的重要机遇期。

式的社会排除，系统倾向还是纳入人民，特别是工人"，但"1980年代以来，将人们驱离经济、社会的动力有所强化，而且这些动力已嵌入经济、社会领域的正常运作之中[288]。"

"实现城市社会需要以社会需求为导向的规划"[289]，美国住房与城市发展局（Housing and Urban Development Department，HUD）①时任部长罗伯特·C.韦弗（Robert C. Weaver）也认为"人的更新"应该是城市更新中最重要的一环。HUD出台的《模范城市计划》为示范街区的发展制定了合适的计划，包括以下方面：扩充住房、增加工作收入机会、减少对福利的依赖、提高教育设施质量、增加教育项目、与疾病和不健康作斗争、减少犯罪和青少年犯罪、提供文化和娱乐的机会、建立良好的通勤等。最终目标是在整体上提高居民的生活质量[290]。

在苏格兰地区，随着时间的推移，城市更新已经演变出一个独特的方法，它依赖于特定的要素——资助款项的地理定位、合作和授权的原则、主题性优先权的确认和在战略城市框架内举措的实施。例如，最新的倡议——社会融合合作伙伴关系（SIPs），强调了对社区的任命，作为一个城市范围内的更新策略下具体项目的实际支持。SIPs的倡议也有针对性的特定主题，包括针对年轻人或药物滥用等被当代城市社会排斥的特定方面。这两种方法都强调城市更新需要一个城市范围内的战略框架和合作伙伴关系的运用，以实现在社区层面的政策方案。对伙伴关系和能力建设的重视反映了各阶级合作的影响力[291]。

城市更新需要依靠三方面支撑来完成，不仅仅是物质环境、地方经济，最重要的是周边的社区。首先，城市更新是一个长期的过程，需要耐心去解决——这是一个基于短期产权视角的问题。其次，对社会资本②的投资与对物质环境方面的投资同等重要，但这一点常常不被理解。在一个自我更新的城市里，人们希望它的治理既可以让公民参与进去，也要对公民作出回应。其中包含社区行动主义概念。社区行动主义有着很广泛的含义，包括推进参与式民主的社会运动，或在有限的情况下的基层活动。社区行动主义通常与提高人们对某一问题的公共意识有关。这里的社区可以指一个社区或特定区域内的一组人群，也可以大至国际社会。因而社区行动主

---

① 美国住房与城市发展局在1965年6月9日由国会立法通过，11月9日正式成立并将对城市的综合治理作为首要工作。
② 社会资本的核心前提是社会网络具有价值。社会资本是指所有"社会网络"（人们的社交圈）的集合价值，和来自这些网络为对方所做事情的倾向（"互惠规范"）。社会资本这一术语强调的是各种各样与社会网络相关的相当具体的好处，如从信任、互惠、信息流、合作而来的益处。

义包括了一个社区或团体内个人所采取的带来改变的行动。凯文·林奇就是试图研究人们如何看待环境，规划师和社区积极分子如何应对人们最深层需求的代表。

　　同时，结构主义的空间研究更关注日常生活的空间形态，着眼于行动者的空间实践。英国社会学家吉登斯在《社会的构成》一书中将时空融入对社会结构与个人行动关系问题的解释中，提出"各种形式的社会行为不断经由时空两个向度再生产出来"[292]。空间研究介入了"个人行动与社会结构"关系的经典议题的讨论。

　　列斐伏尔也将空间划分为：感知的空间、构想的空间以及生活的空间。其中，生活的空间孕育的日常生活是各种社会活动与社会制度结构最深层次的连接处，是一切文化现象的共同基础，也是导致总体性革命的策源地[293]。列斐伏尔认为现代日常生活已经被全面组织和纳入到生产与消费的总体环节中，日常生活已完全异化。而如要实现日常生活的转型，节日往往被作为一个理想的手段。例如，法国都市节庆政策——巴黎沙滩节、塞纳河旁的节庆、里尔3000，都是利用城市空间的社会性和公民参与来创造一个快乐、舒适和富有魅力的城市。节日的复活标志着人类异化的超越和人类日常生活本真性的回归[294]。

　　因此，社会空间结构反映了社会组织的本质和形式的辩证统一。在社会发展进程中，空间要求具体的意义和内容，并且反映社会结构的要素特征。因此，社会和空间之间存在辩证统一的交互作用和相互依存关系，城市组织空间既不可能是一种具有独立自我组织和演化自律的纯空间，也不可能是一种纯粹非空间属性的社会生产关系的简单表达，生产关系具有空间和社会双重属性，生产的社会联系不仅构造空间也随空间变化；空间不仅是社会活动的外在客观容器，也是社会活动的产物。

第6章
全球与本地互动关系中的水岸再生——经典案例

6.1 以水岸新区建设为特征的水岸再生——上海浦东陆家嘴

　　30年前黄浦江东岸的开发开放不仅响应了国家进一步向国际社会打开门户的政策号召，同时也缓解了上海原有旧城区——浦西所面临的空间与经济方面的窘境。30年后，浦东已经从以农业为主落后的水岸区域，摇身转变成一座功能集聚、要素齐全、设施先进的现代化新城[295]。浦东的开发开放是全球化时代都市水岸新区塑造的一个典型样本，具有历史维度的现象学意义。追溯浦东新区开发尤其是陆家嘴地区的空间形成过程，是对于上海城市空间历史研究领域的重要补充。

6.1.1 浦东开发开放前的城市化进程

　　上海浦东新区地处黄浦江东岸，总面积为2450km^2，占上海市总面积的19.1%，当前的浦东新区已经成为长三角地区经济最发达、城镇化速度最快的地区之一。近代，浦江沿江一带码头繁盛，工厂林立，浦东沿江狭长地带已经同浦西一道步入城市化轨道。1950—1983年间浦东发展区域沿黄浦江呈线性展开（图6-1）。20世纪80年代是计划经济的年代，同时也是上海城市进入工业化的时代，黄浦江沿岸的建设方针是"先生产、后生活"，因此黄浦江沿岸多是码头、工业和仓储用地。浦东腹地区域用地以工业和居住为主，有杨思、洋泾、庆宁寺和高桥等县属城镇和工业区，布局比较混乱[296]。

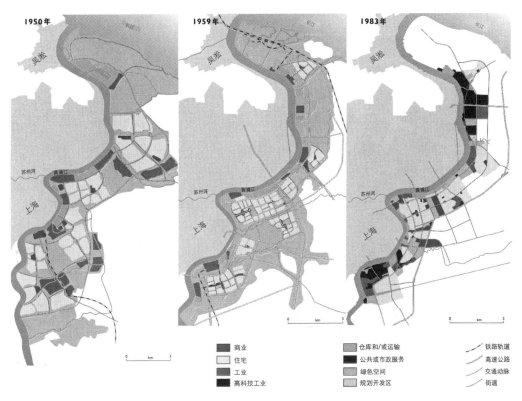

图 6-1　浦东发展计划（1950—1983 年）

（资料来源：作者根据相关资料[297]改绘）

6.1.2　国家战略下的浦东新区开发开放

1. 决策的转变

自 1990 年国务院宣布浦东开发决策以来，浦东新区逐步发展成为中国最受瞩目的大都市中心，被视为政府权力和全球化资本推动新城空间再生产的典型代表[298]。开发开放浦东是振兴上海的战略性措施[299]，是针对国家改革开放政策的进一步推进。此举是为了将上海市区的整体中心东移，在黄浦江两岸建成对应的城市中心区，再以此为起点向浦东腹地区域纵深扩展，在进行浦东开发的同时推动浦西的改造，逐步形成一个横跨黄浦江两岸的大上海，使得上海的城市空间发展实现由"沿江"到"跨江"的转变[92]。从此浦东浦西联动发展，黄浦江两岸也将成为真正的上海中心。

浦东开发开放方案自 1984 年开始形成，并以扩大和改造上海市区为核心内容。

1986 年，上海市政府上报国务院的《上海市城市总体规划方案》得到批复，在"中心城的布局"一节中，就浦东新区提出畅想，"……浦东地区具有濒江临水的优势，将通过精心规划使之成为上海对内、对外开放都具有吸引力的优美的社会主义现代化新区"。因此，浦东新区开发的定位并不是一块开发区或者卫星城，而是上海市新中心的一部分[299]，其中陆家嘴定位为现代金融区和中央商务区。1990 年国务院正式批复浦东新区的开发方案。上海市《浦东新区总体规划》于 1991 年出台，由此上海市市域面积由于规划方案跨越了黄浦江而扩大了近一倍[297]（图 6-2）。"一年一个样，三年大变样"，经过十年的快速发展，在新世纪之交，浦东将自己的新形象展示在世人面前[300]。这也是 20 世纪 90 年代上海城市发展取得成功最明显的象征。

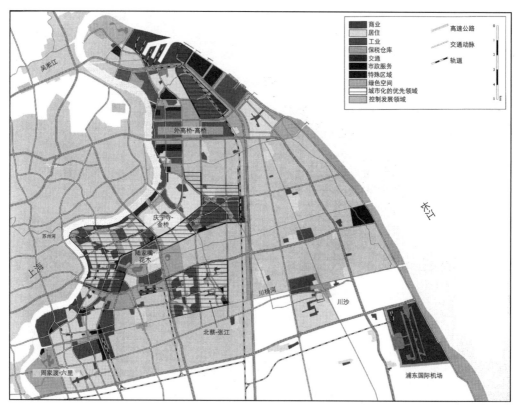

图 6-2　1991 年的《浦东新区总体规划》
（资料来源：作者根据相关资料[297]改绘）

　　浦东新区总体规划整体实施分成三个阶段：初始阶段（1991—1995 年）、重点开发阶段（1996—2000 年）以及全面建设阶段（2000 年之后）[301]。新区划分为陆家嘴—

花木区域、外高桥—高桥区域、庆宁寺—金桥区域、周家渡—六里区域以及北蔡—张江区域 5 个分区，每个分区有自己的工作区域、居住区域、商业中心和其他设施，分区之间用绿化相分隔[80]。浦东新区包含金融贸易区（陆家嘴）、自由贸易区（外高桥）、出口加工区（金桥）、高科技园区（张江）、新港（洋山深水港）、上海浦东国际机场、信息港和浦东铁路等[74]，而住宅被规划整合在其中。

2. 基础设施的建设

浦东新区总体规划强调了基础设施发展和环境因素的重要性，这些都会影响浦东新区的空间品质。新的规划不仅重新设计了一些城市的主要道路（内环路、外环路和世纪大道）来配合浦东的扩大化发展（图 6-3），同时还确定了一系列重点基础设施项目，包括，建造南浦大桥、杨浦大桥以及浦东内环路，在外高桥修建四个码头并重建内部水道以及建设外高桥电厂（50 万伏电网）等[301]。

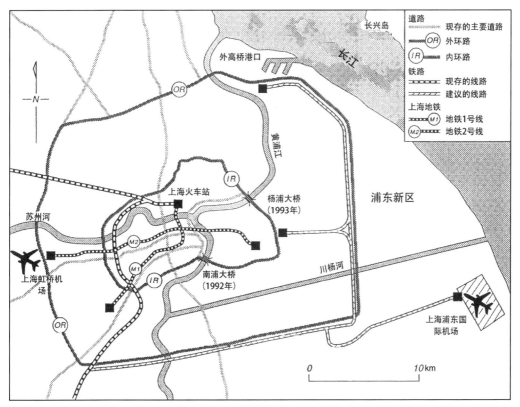

图 6-3　上海的基础设施规划

（资料来源：作者根据相关资料[81]改绘）

基础设施的建设直接为浦东再开发奠定了基础，1992—1999 年浦东新区基础设施投资及占全市比重逐年升高 [298]。浦东开发开放之前，沟通黄浦江两岸的除了"市轮渡"，就只有一条建于 1971 年且仅有两车道的打浦路隧道。此后，延安东路隧道、南浦大桥、杨浦大桥、徐浦大桥、外环隧道、卢浦大桥、大连路隧道相继建成，到 2004 年年底，加上复兴路隧道双层双管 6 车道，浦东和浦西可以见到的通途达到 50 条 [105]。同时，20 世纪 80 年代初上海港务局会同市规划局和有关部门筛选出罗泾、外高桥和金山嘴 3 个新港区 [92]。上海港逐渐实现了"新老结合，逐步外移"，实现了十六铺—外高桥—洋山港的迁移，上海港口区域转移路径由黄浦江到长江口再到太平洋，正式由江河时代迈入海洋时代。

3. 企业、工业区、居民区的搬迁和重置

陆家嘴中央商务区的建设伴随着城市去工业化的过程，东昌路、东宁路、烂泥渡路等地块之前曾经高度城市化，分布了大量荒废的厂房及破败的居住区 [104]。在陆家嘴重新开发之前，首要任务是家庭和企业的搬迁。拆迁公司需要持有拆迁资格证，拆迁项目需满足拆迁所有要求，拆迁引起的争议经由建设局及地方法院进行调节处理 [80]。

负责陆家嘴金融和贸易区的土地开发的是上海陆家嘴发展（集团）股份有限公司［Shanghai Lujiazui Development（Group）Company Ltd., SLDC］。成立于 1991 年的陆家嘴城市建设发展有限公司（Lujiazui City Construction Development Company Ltd., LCCDCL）是 SLDC 的子公司，曾是浦东 18 家拆迁公司之一，并持有拆迁证。SLDC 负责发布分区规划和可建设用地通知。如果某房地产开发商决定租用某地块，且 SLDC 和该开发商之间已经签订了合同，SLDC 将随即与 LCCDCL 签订合同来处理家庭和企业的搬迁。SLDC 会在项目开始前支付押金给开发商，开发商将及时调用资金支付拆迁补偿。项目一经官方正式批准，商业建筑和住宅的拆迁即可展开。官方的批准意味着城市规划局正式接受了该项目作为符合该地区的总体规划的一部分，并授权规划许可和租赁国有土地的许可。SLDC 为强制土地征用带来的新劳动力负担 15 年的退休金、医保和其他经济补偿。年龄未到享有退休金但缺乏教育背景和工作经验的居民依旧被要求就业。然而，其中有些居民无法通过太多的培训提升，也无法适应充满竞争的就业市场，造成了某种程度上的失业、疾病或其他冲突，也不可避免地引发了一些社会问题。

6.1.3　全球化背景下的陆家嘴中央商务区的空间重塑

1. 全球化时代城市治理模式的转变

全球化时代，上海的城市治理模式发展了重大变革。在社会主义市场经济的指引下，上海城市化面貌发生了前所未有的改变。上海浦东新区成为未来五十年中国经济发展战略的重点，而陆家嘴作为浦东新区发展的龙头，作为中央商务区，将推进中国成为世界金融领袖[302]，并与老的国际金融区——外滩形成空间对应，进而支持上海外滩历史中央商务区之前所执行的功能。同时，陆家嘴中央商务区与浦东新区的大型城市运营项目一起，将整合上海东南部 522km² 的开发区[73]。

与陆家嘴发展最重要的相关改革举措是积极鼓励或吸引外商直接投资（FDI），以便促进经济发展进程，"最大化外汇收入，缓解国内资金供应瓶颈"，向中国企业和职工转让技术和技能，促进就业，增加国内经济与外部世界的互动[303-305]。引入公私合作关系（PPP）是浦东学习外国管理技术方法的另一引人关注的举措，它允许公私互动和保证公私合作的灵活性。

陆家嘴金融区的建设对于上海成为一个国际化的大都市至关重要，因此这个项目必须具有全球影响力，而不是仅仅考虑对于本土的影响。在陆家嘴国际金融区建设的前期，上海就积极公开征求外国人的意见，包括市长在内的上海政府代表团于 1991 年访问了多个国际城市。巴黎、威尼斯和纽约等国际城市的规划建设都曾作为陆家嘴的参考。上海的新金融区——陆家嘴中央商务区城市意象的形成过程是全球和地方融合下的规划、建筑和管理呈现[81]。这些设计专业人员是彼得·里默（Peter Rimmer）[306] 提到的"全球智团"（Global Intelligence Corps，GIC）的一部分，负责制定 20 世纪 90 年代初陆家嘴中央金融区总体规划流动的城市意象和城市再开发模型；而之后所产生的图像和模型，进入了不同尺度规模的次级操作程序，并在本地化的语境下被消化重组。陆家嘴金融中心的规划设计是一个极富愿景的项目，是一个国家开始意识到自己在世界上地位的体现，同时它也是一个全球性的城市项目，其创建源于对金融、商业与城市空间创造之间全球化动态潜在关系的理解。在陆家嘴的建设过程中，场所在新的全球经济中发挥的重要作用被发觉，同时得到利用[302]。

2. 陆家嘴国际咨询规划阶段（The LICP Phase）

在 20 世纪 90 年代早期产生了一系列城市开发概念，例如分区制（Zoning）、中央商业区（CBD）、企业区（Enterprise Zones）和免税区（Tax-Free Zones）以及其他的建筑理念，如作为象征性地标的超高层建筑、生态建筑和智能建筑等。这些概念在陆家嘴中央商务区规划早期被引入，并应用于这个世界上最大的国际金融中心之一的规划建设理念中。这种思想的传递由上海市政府为代表进行发起并引导，并与以巴黎为总部的法国代表团进行合作。全球化在很大程度上促进了城市更新中营销举措的出现[80]。1992年上海东方传媒集团有限公司监管了陆家嘴的市场化营销过程，然而这个过程也充斥着来自中国香港、中国台湾和中央政府各部门的物业投资。数量稳步上升的国外机构和公司也支持了上海市政府的设计战略规划以进行城市重塑的工作。联合国开发计划署是首个参与浦东新区开发建设研究的机构之一。世界银行（World Bank）和亚洲发展银行（Asian Development Bank）也参与了上海的土地和区域改造[307]。

浦东发展战略最大的全球性影响无疑来自于法国，这不仅是因为中法整体良好的政治关系以及上海和巴黎城市的国际对标地位，也因为历史上上海与法国紧密的关系以及法式风格文化和建筑的影响力。1985年，巴黎管理和城市规划研究所（IAURIF）与上海市政府和北京市政府签订了合作协议，为大都会建设提供技术支持。巴黎和上海政府的专业合作和社会联系为上海"全球智团"（GIC）的最终形成打下了基础[81，308]。引导这种合作关系的关键是法国官员吉尔·安蒂（Gilles Antie），同时他也是一名地理学家、城市规划师及IAURIF国际事务的主任。1986年上海市规划院和大巴黎规划院建立友好合作关系，巴黎规划专家到陆家嘴考察。1988年2月上海市城市规划设计研究院与世界银行"八人团"专家合作研究的"上海城市发展方案"中制定的1.7km² 陆家嘴中心区的规划终于明确了其中央商务区的身份，建筑群的占地面积约为180万～240万 m²。据高级规划师黄富厢所称，陆家嘴计划非常大胆，以至于上海市城市规划局甚至不敢将其纳入地方级审批程序中。此次合作由法国政府推行，法国商人预见了广阔的未开发市场。随着上海的逐渐开放，法国商人得以在上海顺利开展商业活动，这些举措也可以被视为促进中法健康、稳定、互信关系的进一步努力。

上海和法国之间合作的另一个例子是在1992年为1.7km² 的陆家嘴金融中心提供国际招标咨询。四家国际设计公司与中国团队一起参与了该项目的设计过程。在1990—1991年间针对此区域产生了4个国际设计方案，设计师分别是来自英国的理

查德·罗杰斯（Richard Rogers）、意大利的福克萨斯（Massimiliano Fuksas）、日本的
伊东·丰雄（Toyo Ito）以及法国的多米尼克·佩罗（Dominique Perrault）。其他在建
设规划中担任顾问的国际知名设计师（机构）有让·努维尔（Jean Nouvel）、奥雅纳
（Ove Arup Partnership）、诺曼·福斯特建筑事务所（Norman Foster and Associates）、
伦佐·皮亚诺（Renzo Piano）和詹姆斯·斯特林（James Stirling）[308]。奥尔兹（Olds）
客观地指出，这种国外力量的输入对最终的规划蓝图并没有什么影响，反而是他们扮
演的角色才更加具有营销性：陆家嘴因为全球建筑设计精英的介入而变得品牌化[81]。
浦东开发宣传册和网站上所包含的图像吸引了更多的全球资本进入其中。

　　然而"全球设计师"的创意偏好虽然源自中国城市，但是由于缺乏中国经验导致
这些设计师把浦东当作一块白板（Tabula Rasa）。同时，这些"全球设计师"提出的
规划采用了设计其他国际城市时所采取的经验。例如，伊东的提案大量沿用了 1992
年安特卫普（Anterp）大块区域的规划蓝图，佩罗的计划也过多地参考了对于纽约、
威尼斯和巴黎的规划[81]。这都表明，曼纽尔·卡斯特的"流动空间"理论被重复适
用于不同社会规划中，使得建筑形制趋于一致[64]，然而却造成了千篇一律的后果。
正如理查德·罗杰斯所称，全球化时代的现代城市几乎都是用同一种方法塑造出来
的，上海也不例外[309]。这些参与上海本土发展的全球力量在某种程度上似乎低估了
场所精神和全球与地方之间复杂的关系网络。

　　然而，这些设计提案提供的信息和知识对实际规划而言并非毫无意义。很多提
议的优势部分被上海本土的规划师所采纳，并且以一种更务实的方式调整为更加适
应当地情况的方案。全球化的信息被调整以便适应当地环境的案例，这也从一个侧
面说明全球和地方关系特征的表达是二元的、动态的、持续的紧张状态。全球和地
方之间的关系是处在一定的情境中的[310]。全球化是一个开放的过程，其中涉及平衡
全球和当地的机会与威胁[233]。

3. 陆家嘴建设规划后期阶段（The Post-LICP Phase）

　　从内容和目的来看，陆家嘴国际咨询规划阶段（LICP）的成果被有效地吸纳了。
在 1993 年早期，上海市城市规划设计研究院的规划小组、陆家嘴金融贸易区开发股
份有限公司（Lujiazui Finance and Trade Zone Development Corporation）、华东建筑
设计研究总院和同济大学共同协作两周时间，为陆家嘴的未来规划提供了三个提案。
第一个提案结合了理查德·罗杰斯的大部分建议；第二个提案主要利用上海团队的

建议和思想；第三个提案是在现有的 1991 年规划方案（由上海市城市规划设计研究院所设计）的基础上稍作修改。然而，由于前两个提案都涉及对现有基础设施进行大量整改，并需要进行租赁场地的迁移来满足设计标准，最终第三个提案被采纳了。其设计方案更加务实，并且对现有基础设施的改变最小，整体城市形态通过大规模的建筑重组而变得更加独特。在进一步的修改方案中，专家建议陆家嘴打造独特的城市天际线，包括约瑟夫·贝尔蒙特（Joseph Belmont）建议的打造"三塔地标"、建设一系列面向世纪公园的摩天大楼以及进一步加强的基础设施供给[81]。截至 1993 年 5 月，修订后的规划蓝图由当时的上海市副市长夏克强批准，正式批准文件由上海市政府在 1994 年年初出台。

4. 陆家嘴建筑堆场

陆家嘴地区的摩天楼建造已经不仅仅是一个工程层面的问题，而是一个社会问题，其标志着国际建筑师和规划师开始全面参与上海的建设，也标志着上海的建筑以一种新的姿态进入国际视野[311]。陆家嘴地区出现了大量西方建筑师设计合作的项目，如：金茂大厦、环球金融中心、第一八佰伴等。

在陆家嘴的城市建筑体系中，金茂大厦就是一个全球与当地调整平衡的典型例子，它的设计和建设过程是有趣的"地方—全球"合作的象征。受到现代建筑的启发，这座现代化的摩天大厦的设计成为浦东高层建筑中最受人欣赏的建筑设计之一，同时因为其尊重中国的传统建筑，顶部模仿宝塔的造型也成为中国人引以为豪的建筑。"实际上，在整个浦东陆家嘴区域，中国政府一直采取引入国际设计公司并与当地设计机构合作的策略，意在打造真正的'国际都市'。他们寻找的不仅是摩天大楼的设计专家，也是为审美疲劳的当地建筑风景注入新的创意"[258]。

此外，上海环球金融中心建筑形象的设计方案也经过多次修改。环球金融中心由美国著名建筑设计公司 KPF 事务所设计。为了保持"世界第一高建筑"的记录（试图超越当时香港正在建造的 480m 高的联合广场以及台北正在建造的高达 508m、101 层的"台北 101"大楼），环球金融中心的新方案将原本 460m、94 层改为 492m、101 层，可提供商业、办公、酒店、美术馆等多种功能。然而，1997 年的亚洲金融危机导致日本投资方出现资金短缺，该项目便搁置不前。之后又出现了"设计方案风波"。2005 年，上海环球金融中心的外观造型最终得以确定，原本在大楼顶部的直径 53m 的圆孔造型调整为上宽下窄的倒梯形，并于 2008 年年初竣工[105]。

陆家嘴的"建筑戏剧场"（Architecture Drama）被一些评论家认为过于紊乱、失序和浮华。但是如果超越形式上的审美和伦理评判层面，陆家嘴建筑群所反映出的矛盾和冲突，正是上海这座城市特殊的文化基因和价值取向所决定的[312]。陆家嘴是中外建筑交流的结晶，中国人主动吸纳了外国建筑师前期的设计方案，并完成了后期的全部设计工作和建造工程。这与外滩完全西方化的城市形象形成了强烈的对比。外滩的西方建筑群是对于西方文化一种被动的接受。而对于陆家嘴的城市形象塑造，中国已经开始拥有自己的主动权，这体现在陆家嘴地区的规划与建筑设计上。

当浦西的外滩在改革开放初期逐步恢复金融功能时，浦东的陆家嘴依然陈列着旧的码头、仓库以及简陋的民居。如今陆家嘴已经成长为一个与浦西相抗衡的金融中心。在陆家嘴金融贸易中心区的土地上，汇聚了多家中外金融机构，多家中外贸易公司，多家法律、会计、财务、咨询等现代服务机构和多个国家级要素市场。除去金融、贸易功能，这一区域的旅游、会展、餐饮业也开始活跃。金茂大厦、东方明珠塔、国际会议中心、滨江大道、海洋水族馆、观光隧道、正大广场等多功能设施，构建出陆家嘴中心区旅游带[313]。

6.1.4　小结

诞生于全球化浪潮中的浦东，一直是上海最接近世界的地方。浦东开发开放不仅仅是一种空间上的重塑，更是一种制度上的创新。改革开放将上海与全球化的系统相衔接，浦东开发开放是对于中国改革开放政策的进一步探索。浦东及陆家嘴的空间重塑推动了上海的转型以及再城市化。作为城市空间的一种特殊类型，水岸新区的塑造起到了连接和扩展城市现有领域以及探索新的领土资源的作用，通过开发开放浦东上海的市域面积扩大了将近一倍。

地方城市结构重组是全球化进程的一面镜子，浦东陆家嘴的发展反映了上海积极融入全球城市行列的决心。相对于外滩的形成过程，陆家嘴金融中心的规划建设是中国主动张开双臂，邀请西方为其出谋划策，并以主人翁的身份决定未来浦东、未来上海的面貌。陆家嘴中央商务区的塑造，也经历了由单一商务功能向复合功能、由小地块向区域开发、由平面向立体空间塑造的根本性变化，最终形成了全球化背景下陆家嘴中央商务区的典型样貌。总结浦东开发开放及其核心区陆家嘴地区的建设历程对于理解上海的过去以及建设上海的未来都具有重要的意义。

6.2　以工业遗产再生为特征的水岸再生——德国鲁尔区埃姆歇河畔公园

1989—1999 年间由德国北威斯特法伦州（NRW，后简称北威州）主导实施的埃姆歇公园国际建筑展（IBA Emscher Park，后简称埃姆歇公园计划），将工业遗产的再生同社会、文化以及环境问题的治理相结合，提出了通过建设"区域公园"来推动工业城市带转型的策略。本节从政策框架的角度分析了埃姆歇公园项目的运作方式和不同层面的遗产景观再生策略。区域层面的策略强调了文化景观廊道的构建；在地层面则以项目为导向推动渐进式的工业遗产再生。埃姆歇公园计划的再生模式可以概括为"无增长情况下的转型"，这种理念为当代应对收缩背景下的城市再生提供了借鉴。

埃姆歇公园计划旨在通过一个区域性政策框架的制定解决当时鲁尔工业区面临的严重社会、经济和环境问题。国际建筑展（Internationale Bauausstellung，IBA）创立于 20 世纪初的德国，作为一个政策工具，它通过公开展示创造性的建筑和城市规划理念及作品推动城市发展和转型。埃姆歇公园是国际建筑展项目中地理跨度最大，实施手段最为灵活的一个。它从区域层面提出工业城市带的转型策略，将工业遗产的再生同社会、文化以及环境问题的治理相结合，成为收缩背景下城市再生的典范。本文从政策框架的角度分析了埃姆歇公园项目的运作方式，及其在区域和在地两个层面上的遗产景观再生策略，并试图将其总结为一种"无增长转型"的综合再生模式。

6.2.1　德国鲁尔区城市更新背景

鲁尔工业区位于德国北威州，是欧洲最大的煤炭和钢铁工业基地之一，形成于 19 世纪中期，其工业生产在二战后达到高峰，工业产值一度占德国全国的 40%。工业繁荣使得鲁尔区内形成了连片的城市带，总人口达到 580 万。其中，5 万人口以上的城市 24 个，埃森、多特蒙德和杜伊斯堡等主要工业中心城市人口均在 50 万以上 [314]。

20 世纪 70 年代以来，随着传统工业的衰落，鲁尔区大量的工厂减产、倒闭，更引发了高失业率、人口流失、环境恶化和社会隔离等一系列问题。鲁尔区面临的问题不仅仅是个别工业建筑的再利用，或是单个城市的产业转型，而是一个区域性的社会、文化、环境的全面衰退之后如何振兴的问题 [315]。如何通过区域性再生策略实现传统工业城市带的综合复兴，成为北威州政府面临的紧迫问题。

在北威州政府的推动下，持续 10 年周期的埃姆歇公园计划于 1989 年启动。这个计划覆盖了埃姆歇河流域 800km² 的巨大区域[1]，包括 17 个城镇和 2 个行政区，250 万人口（图 6-4）[316]。在发展导向上，埃姆歇公园计划认识到鲁尔区产业衰落和人口流失的现实，不再要求把鲁尔区恢复为德国经济和产业的发动机，而是转而强调社会、文化、环境的综合提升对于区域转型和振兴的意义。通过在区域内推动多种创造性的城市再生项目，该计划希望鲁尔区实现从"工业锈带"向绿色、现代、富足的大都市区的转型。

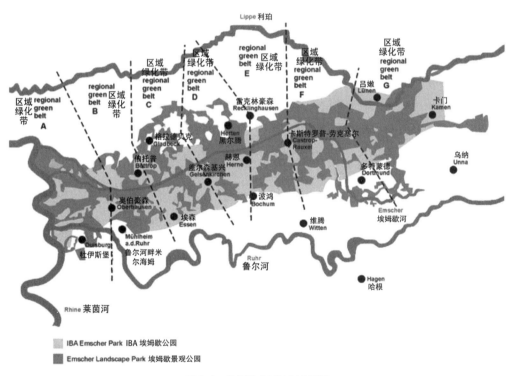

图 6-4　埃姆歇公园计划总平面
（资料来源：作者根据相关资料[316]绘制）

不同于通常意义上的"公园"的概念，"区域公园"可以看作一个综合的城市再生工具。它成为物质与非物质文化的多重属性在空间上的叠加投射[317, 318]：既是城市与乡村的绿色开放空间廊道，串联起碎片化的绿地要素；也在一个大的区域范围内

① 西至杜伊斯堡（Duisberg），东至贝格卡门（Bergkamen），全长 70km。南北向在利珀河与鲁尔河之间，宽 15km。

形成空间认同感并承载了对该地区历史文化的叙事功能；在生态方面，区域景观网络的构建也更能减少人为干预，利于生态系统的保护[319]。

　　基于这样的思路，埃姆歇公园计划提出了七项总体原则，每个原则对应一项子计划（表6-1）。埃姆歇公园计划的首要目标是景观的重建——营造区域的"开敞空间网络"[320]。埃姆歇景观公园（Emscher Landscape Park）面积达到450km²，其主体是由覆盖整个区域的自行车道系统、若干次级公园和游憩绿带构成。环境整治是该计划的另一个重要目标。生态修复的重点是通过污水处理厂和地下污水管网的建设治理埃姆歇河流域的水道，并修复为自然的河岸。工业遗产的再利用是埃姆歇公园计划一个极富挑战的任务。计划通过修复和再利用工业遗产，展示鲁尔区近150年的工业发展史，创造区域独特的形象和文化氛围，借此提升地区活力，吸引新的投资。此外，还有"在公园中工作""新形式的住宅和住房政策"等相对传统的城市再生项目，关注的是经济发展和住房更新。在七项总体原则框架下，埃姆歇公园计划在10年中推动了120多个再生项目。

埃姆歇公园计划的七项总体原则　　　　　　　　　　　　　　　　　　表6-1

七项总体原则／子计划	主要内容
景观重建：埃姆歇景观公园	建设基于自行车道网络、公园系统、游憩绿带的区域景观公园，振兴公共空间和废弃的工业景观
埃姆歇河流域的生态修复	建设污水处理厂和地下排水管，修复为自然的河岸
莱茵河—黑尔讷运河：探险空间	运河工业码头再利用，营建休闲、生态的滨水空间和新建筑
作为国家资源的工业文化遗产	修缮和再利用工业遗产建筑，塑造新的地区形象
在公园中工作	煤矿、炼钢厂旧址通过再开发，转变为绿色、现代、具有吸引力的办公空间
新形式的住宅和住房政策	修缮历史居住区，新住宅建设融合到历史环境中
社会、文化和运动设施的新机会	在产业转型背景下创造新的就业类型和休闲机会

资料来源：丁凡，刘鹏. 基于"区域公园"策略的工业遗产再生研究——以德国鲁尔区埃姆歇公园为例[J]. 建筑与文化，2020（12）：102-103.

　　要实现埃姆歇公园这样区域尺度的再生计划，建立一个跨区域、协作式的政策框架至关重要。埃姆歇公园计划虽然是由北威州政府推动和资助的，但是在包括17个城镇和2个行政区的800km²的项目范围内，其发展必须面对高度分散化的政治环境的挑战。在这一背景下，北威州政府建立了一个专门的埃姆歇公园规划公司来管理整个项目，尤其是协调区域内众多的利益相关者参与项目的竞标[321]。主要的利益群体包括州政府、17 个城市政府、基础设施提供者、私人开发公司以及社会团体等。

面对分散的政治环境，埃姆歇公园计划没有制定明确的区域总体规划，更多采用的是以协作为导向的政策框架来达到目标[322]。面对各利益相关群体截然不同的诉求，规划公司需要以沟通协作的方式，提出各方所能接受的共识。正是这种灵活的政策框架使得计划摆脱了政治的短视和资本消耗，从而充分调动各个部门，尤其是私人部门的积极性，长期持续地推动区域再生。

值得一提的是，规划公司本身并不参与到具体的项目执行中，也不提供资金。IBA 项目的资金来源主要是依赖公共财政的支持（包括欧盟、德国中央政府，以及北威州政府等）和私人投资。其中，公共财政资助是通过提交项目申请、竞标的方式获得的。在 10 年的运作周期中，埃姆歇公园计划共获得 25 亿欧元资助，其中欧盟和德国政府的公共财政资助占了 60%。

6.2.2　埃姆歇河畔公园的空间再生

1. 区域：文化景观廊道的构建

在区域层面，埃姆歇公园计划通过自行车道系统、文化遗产线路的建设，以及河道、绿道的治理，构建了一个网络化的文化景观廊道体系。在七项总体原则中，埃姆歇景观公园建设、埃姆歇河流域的生态修复，以及莱茵河—黑尔讷运河的再生为区域景观廊道的构建奠定了基础。其中，埃姆歇景观公园建立了三条差异化的文化景观线路，而埃姆歇河流域的治理修复了区域内重要的生态廊道。

1）埃姆歇景观公园的文化景观线路

埃姆歇景观公园的建设是由鲁尔区联合集团负责，同时在不同机构部门的合作下进行的。景观公园长度超过 85km，面积约 450km²，以振兴公共空间，改造废弃工业景观为目标。其主体由覆盖整个区域的自行车道系统、若干次级公园和游憩绿带构成。区域内的农田、森林、修复的棕地、再利用的铁道、工业遗产，以及各种地景要素被三条文化景观线路串联起来，分别是埃姆歇公园自行车道（The Emscher Park Cycle Trail）、工业遗产线路（The Industrial Heritage Trail）以及工业的自然之路（Industrial Nature Trail）（图 6-5）。

　　埃姆歇景观公园共计新建了长度超过 400km 的绿道网络，其核心就是埃姆歇自行车道。这个自行车道系统长达 230km，很多路段是由过去运煤的铁道改造而成。自行车道的线路将区域内主要的景观要素串联起来，尤其是大量的后工业化景观，包括工业遗产、生态修复的景观、新建筑，以及公共艺术等。

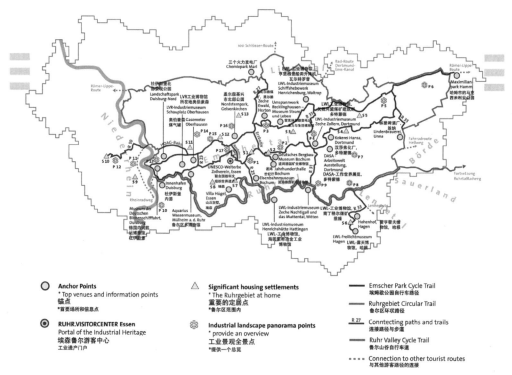

图 6-5　埃姆歇景观公园的主要文化景观线路
（资料来源：作者根据相关资料 [323] 改绘）

　　工业遗产线路长 700km，串联起区域内重要的工业遗产点，并且延伸到景观公园外部成为欧洲工业遗产之路 ① 的一部分。工业遗产线路的核心是 25 个 "遗产锚点"（Anchor Points）、17 个观景点和 13 个主要定居点 [323]。线路内部进一步细分为多条专门主题的遗产线路，游客沿途能够体验到鲁尔区工业历史的变迁。工业遗产线路也以自行车道的形式呈现，并同埃姆歇公园自行车道紧密联系。

　　埃姆歇景观公园的一个独特之处是将工业遗产同当地动植物生境的保护相结合。一些适应性较强的动植物能够在矿坑、炼钢炉、废水池、废弃铁道这类土壤和环境

① 欧洲工业遗产之路（ERIH）是一条以旅游展示为目标的网络化的文化景观路线，连接了欧洲最重要的工业遗产点。

条件较差的棕地上生长。工业的自然之路串联起 19 处经过生态修复的工业区，保护和呈现动植物的自然之美。

2）埃姆歇河流域的生态廊道修复

埃姆歇公园计划最大的建设项目是埃姆歇河流系统的修复。一个世纪以来，埃姆歇河成了鲁尔区开放的排污渠。由于采矿造成的土地沉降，长期以来下水道的建设非常困难。从 1992 年起，埃姆歇河流协会开始沿长达 80km 的埃姆歇河及其数百公里的支流建设地下污水管网，以排出污水。主要的工程包括建设多个污水处理厂，以及约 350km 的地下污水管网。长期来看，河流水源将由泉水、雨水和净化后的废水构成。规划扩大过滤区范围，强化区域的自然水体平衡，创造更多的湿地和群落生境[324]。

水道治理和滨水空间建设同步推进。计划将河道修复为自然河岸，以恢复生态廊道的功能；提升滨水空间的可达性，沿河设置步行道、滨水植物景观、座椅和观景平台以及其他游览配套设施。埃姆歇河谷这片曾经远离都市的"排污渠"将转变为城市的"屋前花园"（图 6-6）。

图 6-6　埃姆歇河流域的生境网络规划示意
（资料来源：作者根据相关资料[324]改绘）

2. 在地：项目导向的渐进式工业遗产再生

埃姆歇公园计划的一个典型特点是：计划没有制定一个整体、综合、物质空间的规划，而是以项目为导向来推动区域再生。它的口号是"项目，而非规划"（Projects, No Plans）。德国政治体系表现出分散化特征，各级政府都被赋予相当的行政权力，这使得它们对于项目决策具有较大的自主性和灵活性。其结果是再生计划必须依靠地方政府的配合，推动个体项目的落实。

项目导向的策略实质上是在总体目标引导下实现渐进式的发展。在项目推进过程中不断有新的利益群体加入，他们要对埃姆歇公园计划的总体目标作出响应，但同时总体发展目标和策略也因为利益群体的拓展而不断得到修正。对于政府和利益相关者来说，项目导向避免了在规划协商中浪费过多精力，也正是通过项目导向的方式，埃姆歇公园诞生了一批世界知名的规划设计案例，例如北杜伊斯堡景观公园、关税同盟煤矿工业建筑群等。

在地的工业遗产再生项目根据功能差异可以归纳为三种：公共游憩空间、文化遗产展示空间以及商业办公空间。

1）公共游憩空间——北杜伊斯堡景观公园

埃姆歇公园计划善于将高品质的设计和环保理念融入工业遗产的再生实践中，这远远超出了当时的环境保护或城市更新的要求。这种综合的再生理念在当时来说或许显得过于苛刻，但现在却成为被普遍接受的城市发展理念。尤其是在公共空间营造方面，埃姆歇公园计划将其视为公共艺术的展示。这可以看作是摆脱单纯的基于土地功能的规划，而开始倡导"空间形态规划（Spatial Planning）"对塑造建成环境的重要性[325]。

北杜伊斯堡景观公园（Duisburg-Nord Landscape Park）是将废弃的工业棕地改造为公共游憩空间的范例。公园的前身是一座面积为200多公顷的具有80多年历史的大型钢铁厂，工厂于1985年停产，之后被完整保护下来。1989年，当地政府决定将其改造为一个全新类型的工业景观公园，创造富有游览观光价值的景观、办公以及生活空间。规划方案强调了钢铁厂建筑的遗产价值，对其进行了完整保护。空间设计上，建立了多层体系——上方是高架步道系统，下方是改建原有排水系统而形成的水景观层和充满趣味的休闲空间；景观营造上，将精心设计的区域同荒野区域交错混合，使植被得以自发地生长扩张；在功能上，很多游憩、文化设施被置入到景观公园中，包括一个墙厚数米的燃料坑被改造为攀岩场地；一个储气罐被改造成了具有 20000m³ 储水量的潜水中心；一个高炉被改造成了剧院和电影院等。

北杜伊斯堡景观公园不但创造了欧洲景观艺术的新形式，将废弃的工业棕地改造为景观区域公园的策略更激发了当地的城市再生活动，这些再生活动一直持续至今，很多旧工厂也因此被逐渐再利用（图 6-7）。

（a）　　　　　　　　　　　　　　　　　　　（b）

图 6-7　北杜伊斯堡景观公园

（a）工业构筑物被完整保护，并构建了多层级景观空间体系；（b）墙厚数米的燃料坑被改造为攀岩场地

（资料来源：刘鹏拍摄）

2）文化遗产展示空间——关税同盟煤矿工业建筑群

埃姆歇公园计划一直积极地在工业遗产再利用中注入文化展示功能。工业建筑被视为鲁尔区独特的文化象征和区域形象，将工业遗产改造为博物馆能够让参观者直观了解区域的发展历史，建立新的地方形象，从而激发社区活力和潜在的投资价值。

位于埃森的关税同盟煤矿工业建筑群是矿业建筑的杰作。这个工业建筑群建成于 1932 年，是当时最现代的煤矿。矿区于 1986 年关闭后，一度被视为地区衰落的象征，矿区所有者计划拆除整个厂区。在北威州政府的努力下，这个鲁尔区工业建筑的代表最终被保留下来，并被列入到埃姆歇工业计划中。其再生的目标是实现从煤矿、钢铁工业向艺术、文化中心的转变。当地成立了专门的建设开发公司负责矿区建筑的保护、修缮、再生。2001 年，这个 100hm² 的工业建筑群，包括标志性的竖井矿、焦化厂等被列入联合国教科文组织（UNESCO）世界文化遗产。

改造后的关税同盟煤矿工业建筑群已经转型为文化、设计建筑群，以及工业历史展示的中心。园区入驻了两家知名博物馆：鲁尔区博物馆和红点设计博物馆。多种多样的展览、音乐会、戏剧演出、读书会，以及艺术节等将过去衰落的矿区转变成充满活力的公共场所。每年约有 150 万世界各地参观者来到这里，很多公司和机构也入驻到这里。

3）商业办公空间——霍兰德生态办公园区

除了将工业遗址和纪念物改造为博物馆，很多项目还创造性地将工业遗产改造为商业、娱乐设施或办公空间。这不仅改善了鲁尔区长期以来休闲、文化设施短缺的状况，也巧妙地通过工业建筑再利用保留了集体社会记忆，把过去、现在和未来成功统一，从而赋予遗产所在地独特的地区形象 [326]。

位于波鸿的霍兰德矿区（Zeche Holland）代表了鲁尔区 120 年来的采煤工业发展史。从 19 世纪中期到 20 世纪 20 年代矿区内逐步建设了 4 座竖井矿。随着采煤产业的衰落，最后的竖井矿于 1988 年关闭。霍兰德矿此后被加入到埃姆歇公园计划中，进行结构转型。它被列入到"在公园中工作"子计划中，规划改造为生态办公园区。矿区的历史建筑被列入保护名录，并实施了修缮和设备现代化升级。之后一个环保技术中心作为创新产业核入驻到园区内。霍兰德竖井作为矿区的标志性工业景观得到了保护，展示出当地的工业历史和风貌。园区的其他部分被改造为办公和居住区。结合当地人口结构，居住区开发强化了"适老住宅"的概念，形式上力图打破边界，同周边环境融合。此外，大片棕地被修复，绿化的引入提升了居住和商业区的环境和生态功能。一条自行车道沿着过去的铁道线建设起来，将这个结构性改造后的多功能生态园区同埃姆歇公园中的其他节点联系起来 [327]。

6.2.3　小结

埃姆歇公园计划的再生模式可以概括为在"无增长情况下的转型"。这种区域再生模式不再单纯强调经济发展，而是采用综合、整体的方式处理区域内环境、社会、经济以及文化问题 [328]。通过协作式的政策框架，在过去高度分散化的制度环境中组建了具有"发展共识"的新联盟。这种理念为当代应对收缩背景下的城市再生提供了很大的借鉴意义 [329]。

埃姆歇公园不可能解决鲁尔区面临的所有结构性问题，但是它成功地转变了鲁尔区的物质环境和区域形象。工业遗产的再利用推动了当地文化产业的迅速发展，

2010 年鲁尔区的中心城市埃森荣获"欧洲文化之都"的荣誉，应该说埃姆歇公园计划为鲁尔区产业结构的调整奠定了重要基础[330]。

埃姆歇公园计划在推进过程中也存在很多争议[331]。比较突出的问题包括两点：第一，作为一个自上而下的再生计划，公众参与的程度是有限的。为了获得政府资助，计划推动的很多项目必须依赖区域内具有话语权的群体；另外，早期的大型旗舰项目主要是由专业的规划师、建筑师主导完成，公众的参与程度相对不足。第二，尽管计划试图通过协作式的政策框架建立区域合作关系，但是在一些实际项目中，州政府通过技术标准和财政资助等手段"迫使"地方政府推行城市再生项目，而一些地方政府也为了争取项目形成了竞争而非合作的关系。

6.3　以历史文化遗产保护为特征的水岸再生——新加坡河滨海湾

新加坡河（Singapore River）是新加坡的主要河流之一，其两岸的发展经历了从繁荣到衰落再到振兴的过程。在新加坡河的更新改造过程中，历史建筑的保护和文脉的传承是新加坡政府高度重视的内容。通过对新加坡河区域进行递进式的保护规划，并划分驳船码头（Boat Quay）、克拉克码头（Clarke Quay）和罗伯逊码头（Robertson Quay）三个新加坡河码头保护区及明确其再生的策略，实现了新加坡河现代化的转型。在"特色全球城市"的城市发展目标的驱动下，新加坡河的再生实现了"全球化"与"本土化"城市特色的统一。

6.3.1　新加坡城市更新背景

在新加坡河入海口滨海湾（Marina Bay）周围，市政府制订了市中心再开发的重大计划。政府规划了新城市中心，意在增强与滨水区的联系，打造包括办公楼、商店、咖啡厅、酒店、步行道和夜生活场所的"卓越的热带城市"[188]。该区域占地约370hm²，通过填海造陆工程建造而成。提案中建筑占地面积指标为 0.7，同时可以根据未来需求灵活更新计划，这使得中央商业区（CBD）的容积可再扩大 25%。该开发理念提出加强和扩大现有的中心，并打造人行区域，开发新的滨水区天际线，同时反映一种新加坡独特的建设理念。1991 年概念规划修正案的两大计划都与填海造陆有关：滨海湾河口向南延伸至海峡的滨海湾南区，向东北延伸至滨海湾东区

（图 6-8）。市中心核心区规划的主要目标是规划发展与水相关的活动并与水域相连。新加坡致力于成为大都会的愿景在城市扩张的行动中得到了表达：一座建立于人工岛上的新城，并与旧城区肩并肩。如今新加坡河两岸的滨水步道完全贯通，文化建筑、商业建筑和城市广场为整个地区注入了活力，吸引了大量游客，成为新加坡国家形象的重要组成部分。同时，为了走向水资源自给自足，新加坡采纳了雨水分流的策略。滨海堤坝（Marina Barrage）对于最大化新加坡雨水储备能力并建立可持续水资源供应而言发挥了里程碑式的作用。滨海湾水库是最大的城市水库，现在收集着新加坡约六分之一的雨水。新加坡使现代城市具有吸引力且充满活力的滨水区成为现实，同时整合了水利基础设施与必需的清洁水资源，并为城市供应水资源。

图 6-8　滨海湾与新加坡河区域

（资料来源：作者根据相关资料^[332]改绘）

6.3.2　新加坡河区域的空间再生

1. 新加坡河码头区域的保护规划

自从英国殖民者于 1819 年在新加坡河口登陆之后，河的两岸就逐渐发展成新加坡的商贸中心。然而，在 1960 到 1970 年代之间由于经济的快速发展造成的严重污染，新加坡河几乎变成了开放的下水道和垃圾场。随着港口经济活动的衰退，曾经繁华的新加坡河区域已无法得到充分利用，也无法吸引私人投资和当地居民，该区域建筑空置，面临拆除，并退化成为一片行人难以进入的被遗弃的荒地，与邻近城市中心的房地产盛况形成反差。然而，接下来一系列保护措施逐渐解决了这些城市问题，并让这一区域重获生机。1977 年，新加坡政府开始将河道周围的污染源全部搬走，彻底根除河道内常年的污物和恶臭，使河道内的水生生物重新兴旺繁殖。1985 年，新加坡重建局颁布了《新加坡河概念规划》，明确对新加坡河滨河的 96hm² 区域进行改造。1991年颁布的《新加坡概念规划》进一步强调了新加坡河滨河区域的商业价值，以及连接已经建成的乌节路商圈的重要作用。1992 年颁布了一份新加坡滨河区域开发的指导性规划草案，明确了河岸两侧 6km 长的步行道、作为区域聚焦点的开放空间、交通连接等方面的开发细节。1994 年针对新加坡河滨河区域综合改造颁布了更加详细的实施性规划，旨在通过综合的整治、保护、再利用，使得历史与现代融合，最终打造出理想的滨水景观。基于历史和建筑特征，整个 96hm² 的新加坡河历史区域的改造主要包括三个部分：驳船泊头、克拉克码头和罗伯逊码头——每一个区域都有自己的发展主题，融合了新与旧，并涉及不同的合作关系（图 6-9、表 6-2）。

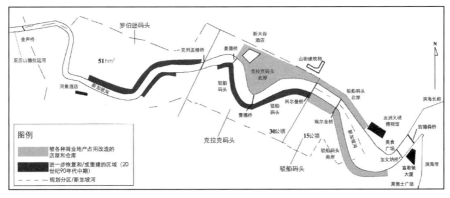

图 6-9　新加坡河规划区分区

（资料来源：作者根据相关资料[333]改绘）

新加坡河规划区			表 6-2

分区	面积（hm²）	土地区域发展主题	
驳船码头	15	商业娱乐区——河边餐饮和娱乐区，包括店屋户外咖啡厅、历史性景观和林荫步行道	
克拉克码头	30	商业娱乐区——河边节日村庄，保存的仓库和新的开发，用手推车提供传统的食物和手工艺，河岸游乐设施，边缘剧院，小吃店	
罗伯逊码头	51	居住区——带有新公寓的酒店和居住区，位于历史仓库中的带有新用途的服务式公寓和酒店	

资料来源：作者根据相关资料 [334, 335] 整理。

2. 新加坡河码头历史保护区的再生策略

1992 年的新加坡河复兴计划规划了通过保护废弃的殖民时期仓库和店屋，来复兴三个废弃的河边码头的远景，计划将其转化为"市民的活动走廊"，开辟新的住宅区、办公、商店来创造生活、工作、娱乐的混合区域，并改善交通以吸引游客前往充满活力的滨水区 [334]。其目标在于将文化、休闲和旅游活动归还给新加坡河地区。这也是世界上很多历史性滨水区内复兴项目的发展主题 [30]。文化街区（Cultural Precincts）被认为比科技集聚区更能吸引创意阶层 [336]。

在 1992 年新加坡河保护区域项目（Singapore River Conservation Area program）中，码头业主被给予三年时间来修复自己的店屋①[337]。他们需要遵守保护的准则：保留原有的外部建筑轮廓和高度，修复所有的外部和立面元素，并保留分隔墙。基本的保护原则是最大化的保留、谨慎的修复以及仔细的修缮 [338]。保护工作中不包含现金奖励或免税政策。正如巴尔的摩内港的复兴一样，国家不充当开发商的角色，但提供公共基础设施并为私人部门的参与提供指导准则。借鉴西方新自由主义思想，这是一种围绕公私合作、可获得性和创收活动并以市场为中心的复兴过程。

政府拨款 4300 万新加坡元预算用于区域改良，并进一步拨款 2 亿新加坡元用于治理河水污染。这样的承诺也有助于促进在复兴历史性建筑上的私人投资，尤其是在新加坡的保护措施是一项新政策的情况下。公共投资主要面向改善交通基础设施和公共区域，包括重建并加强河堤的防洪能力、设置街道行人专用区、建设河边长廊和建设人行天桥。在基础设施投资开展的同时，政府修订了监管干预措施，如废除租金管制、豁免开发和停车费用。政府还为业主和潜在投资者提供建议，以此降

---

① 店屋始建于 19 世纪中期，是 2～3 层的底商式住宅。

低投资不确定性，激励投资者对遗产保护和复兴的信心。城市复兴准则用以鼓励服务导向的混合式发展（如 20% 的居住用途和 80% 的商业用途）以及提高街头生活和建筑底层商业对行人的吸引力（例如高达 60% 的河畔建筑临街面都可能用于设立户外茶点区）。激活商业产业（咖啡厅、商店等）、娱乐产业和景点已成为打造活力街区和促进娱乐导向的城市复兴的重要战略。这是包括巴尔的摩、伦敦和墨尔本在内的许多全球滨水复兴项目经过充分测试的做法。

在驳船码头，110 座私人店屋（Shophouses）被个体房屋所有者翻新。克拉克码头完全遵循了商业的复兴模式，它被塑造成具有"节日河边小镇"主题的概念区域，并通过政府的土地销售计划由单一开发商开发。土地销售计划允许政府利用其强制性的土地征用权力，获取并整合碎片化的城市土地。接着，土地通过公开投标出售，因此负责再开发工作的私营企业无产权负担。克拉克码头土地面积合计 21428m²，于 1989 年通过公开招标售出（投标价格为 5400 万新加坡元），租期 99 年，用于购物、娱乐、休闲和文化发展等用途，基于对保护的要求建筑高度控制在 2～5 层。开发商 DBS 土地有限公司斥资 1.3 亿新加坡元，耗时三年半，修复了 19 世纪遗存的 5 座街区，包括 50 个仓库和 60 个店屋。从 20 世纪 90 年代晚期开始，对罗伯逊码头酒店和住宅的遗产投资一直由几个大型开发商主导，每一家开发商都寻求通过新建筑和遗产保护塑造产品的差异性。开发的项目包括：由凯德集团开发的码头公寓（Wharf Residence）以及丰隆控股的水印综合公寓（Watermark Residence）。

另一项重要战略是制定活动和节日的软基础设施计划，如克拉克码头节日村庄中国戏剧街头表演、龙舟节及带有现场故事情节宣传板的营销活动。复兴策略的核心是经济活动：多样性的活动将吸引人们前往历史街区，并为新加坡转变的身份和旅游产生的收入作出贡献。这种复兴战略加强了新加坡旅游局（Singapore Tourism Board）宣传的"独特新加坡"（Uniquely Singapore）的旅游体验。如果将客流量作为一个指标的话，那么可以断定已复兴的区域越来越受人欢迎。总体而言，复兴区域受欢迎的原因在于以下几点。

（1）重要因素在于河流自身的改进。随着为期 10 年清理工作的推进，水生生物回归了河流。现在的河流摆脱了污染和恶臭，并承载了各种各样的水上活动，例如赛艇比赛等。从空间上来看，行人客流量的增多大部分归因于河滨步行道通达性的改进。自从 1999 年河滨步行道竣工以来，人们现在可以毫无阻碍地沿着河畔走完全程 3.2km，且每隔 270m 有穿越河流的渡口。

（2）文化休闲消费活动的模式正在逐渐成形。城市文化正逐渐被重塑并与全球化消费更加紧密相联。复兴后的驳船码头已成为"夜生活、露天茶座和流行时尚的代名词"。在克拉克码头，度假村正逐渐迈向新式娱乐活动、餐饮网点和高度集中的饮酒场所的集中地带。

（3）再生增加了土地价值。因此市场投资对保护的信心有所增加，导致后续物业销售价格有所上涨。2000 年克拉克码头的土地售价达 3.4 亿新加坡元（15300m²，容积率为 5.6）。这似乎表明以保护为导向的城市复兴正发挥着催化剂般的作用。如市区重建局在 2000 年表示，政府通过土地出售项目收回了基础设施的建设费用。历史景观已被保护并免受拆迁。同时，高层建筑的开发只允许在新加坡河上游进行。

虽然城市更新运动催化了更多的活动机遇，但是也带来了值得关注的挑战。区域重塑战略兼具优缺点。在打造"世界级"品牌文化的要求下，人们开始担心逐渐进化的城市空间再分配迈向高层建筑、滨水区住宅、零售店、办公室、文化和休闲的综合区域，而且更加面向高收入的全球消费者。积极吸引休闲场所投资和游客的倾向正在将历史性景点变成单一功能的娱乐区域，并被国际品牌所主导，与当地遗产和传统的联系逐渐被削弱。随着复兴活动强化遗产地区的新自由主义经济开发，地方建筑群体和当地街头生活正受到威胁，后果是将保护区发展成为缺乏个性的全球旅游区。旅游文化景观经常因"不挑剔的审美情感"和消灭历史感而遭受批评 [339]。而在历史环境中进行的城市营造，更应该强调可识别性和有特色的场所等不同的元素 [340]。

这个问题在其他很多快速城市化的亚洲城市中也很普遍（如北京、上海、槟榔屿），在对传统的地区进行重新开发时使用新的零售和旅游用途 [341]，往往会产生一种面向中上阶级的消费形态。为较富裕的阶层打造的价值重估和空间的生产可能会导致士绅化，并有可能取代低收入用户——商户、居民和游客，并产生新的类似于已经出现在北半球发达地区很多城市中的社会公平问题 [342, 343]。城市分析家称，城市复兴政策改变了过滤过程的参数（Parameters of the Filtering Process）；土地价值增长得越多，社会隔离的可能性就越大 [126, 344]。另一个问题是夜间经济对历史地区的残余效应。再生区域正被重新塑造和包装，在新文化经济中变得更加商品化。饮酒场所的扩张可能导致暴力、噪声、酗酒文化、街道污染和其他反社会问题，特别是对于年轻人而言，加强了社会、经济和文化的分化和不平等。

3. 以历史文化遗产保护为特征的城市更新

在积极干预主义政权的影响下，新加坡的城市面貌已经从充满了低层贫民窟的城市变成了高层建筑占据主导地位的城市，其中 90% 的人口都居住在高层建筑中。有人赞扬新加坡转变为世界上规划最良好的城市，但是其他人也批评它毁灭了城市历史性的核心区，且过于秩序井然和卫生，并且"索然无味"[345]。后者的论述激发了对于"清扫式"复兴计划的反思以及复兴新加坡历史遗产的考虑。

新加坡意图成为具有活力、与众不同且令人愉悦的全球城市，新加坡市重建局称 [346]："我们计划构建一座充满活力的城市，一个在全球赛场上维持自身地位繁荣的经济中心，一座与众不同且具有独特身份的城市，一座令人愉悦、精力充沛、充满刺激和娱乐的城市。我们要成为全球商业中心、文化和艺术中心，一座满载热带绿植的岛城，以及一座反映自身身份和历史的城市。"这是新加坡长期发展规划首次提及地区身份概念。重要的是，城市复兴政策不再仅关乎新的大型项目的建设，也需寻求复兴城市遗产地区。

新加坡河的转型体现了几种关键的再生方法：分阶段发展、适应性再利用和公共—私人合作，并强调了适应性再利用和公共—私人合作，以此来为项目筹集资金。抛开迫切的经济需求，保护国家遗产受到强大的公共支持[347]。新加坡的城市复兴经验强调了恰当的公共干预的重要性，公共干预与监管干预、制度加强和公共部门的直接投资三方面具有极大相关性。同时这激发了对文化遗产的私人投资。此外，新加坡城市的综合竞争力体现在政府的管治能力[348]。强势的政府规划管制力也起到了重要作用，为实施统一规划而设置了建屋发展局（HDB）、市区重建局（URA）等机构，扮演了全职家长的角色[349]。

各种因素促成政府在 20 世纪 80 年代中期对城市更新方式进行反思，从单纯的拆旧建新转换为结合建筑和城市遗产保护的城市更新策略[350]，对于历史文化遗产保护价值的认识在全球城市发展中处于领先的水平[139]，比上海等全球历史城市更先一步[142]。1989 年为将文化遗产保护纳入主流思想并提供机构和监管支持，新加坡《规划法》（*Singapore Planning Act*）颁布了修正案，将遗产保护纳入其中。同时，规划局重组成为国家土地利用规划和保护局，为协商和实施保护举措提供一个协调中心。

随后殖民时期（1819—1959 年）遗留的 10 处历史区域，包括新加坡河沿岸的驳船码头和克拉克码头等街区和民族性聚居区如唐人街和小印度等，被指定为保护区。保护总体规划和指导方针用以指导每个区域的保护和复兴工作。1993 年，新加坡国家遗产局（National Heritage Board）建立，监管新加坡的遗产发展项目。截至 2011 年，94 座历史聚居区包括 7000 幢建筑已被授予被保护的地位。在新加坡，建筑遗产保护不仅包括建筑翻新，也包括整个街区必要的适应性再利用。

在新加坡河改造的过程中保留历史文脉是被新加坡政府高度重视的内容，而清理有碍现代城市景观的简陋建筑与保留历史传统遗址有时是一对难以权衡的矛盾。由于时间具有不可逆性，在这两个愿景中，有计划地保留部分有意义的历史文化遗产一般更为重要。早在 20 世纪 70 年代初，新加坡的一些有识之士在滨水改造规划的审议中就已明确提出，凡是蕴含并伴随新加坡成长历史的传统建筑都应被尽可能地保留。例如，不能因追求现代都市风格和短期的经济回报而任凭滨水地区的老街和过时仓库被新兴的摩天高楼所取代。这一现代理念的提出显然比欧美国家开发老港时遵循的规划模式要早。随着新加坡旅游业的发展，这一理念的正确性得到了历史的认证[96]。在"特色全球城市"的目标驱动下，新加坡能够做到既能"保留本土化特色"，又能"体现全球化"[351]。

尽管标志性的大型项目显示出城市朝着全球联盟转向的决心，然而历史街区却是本地文化的重要标志。文化成为了重塑新加坡沉闷却有效率的城市形象中的基本要素。新加坡成功的经验有：第一，在城市更新中，政府扮演了一个协调人的角色，使得私人部门在一个规划和协同好的框架内得以介入。第二，新加坡重点强调对于城市遗产的综合管理，扩展城市的文化硬件（文化建筑、基础设施以及公共空间）以及文化软件（文化活动、节庆实践以及日常生活）。其文化更新政策的组成部分包括：从体制强化（专门的保护机构）到战略发展规划的多重相关行动、监管干预，用于保护、运输以及环境基础设施等公共投资以及加强与遗产有关的经济发展的适应性再利用并吸引商业到保护区域。后者是创造一个充满活力的后工业城市的关键。

6.3.3 小结

历史殖民城市对带有历史殖民色彩的城市遗产空间的保护呈现出复杂性的特

征，充斥着对于西方和东方文化的认识冲突，并夹杂着民族相关的情感。然而新加坡积极利用文化遗产塑造崭新的全球城市形象，打造了具有殖民文化特色的城市发展战略。历史文化成了新加坡经济社会发展的重要动力和门面[349]，这在全球化时代无疑是一个逆势而为的创新之举。将历史文化保护与传承看作是城市振兴的积极要素和国家地位的重要来源，新加坡的经济奇迹背后渗透着深刻的传统文化基础，新加坡的中央集权政体也因此通过文化正义性而获得了政治合法性。上海作为一个与新加坡类似的，曾有过租界的港口城市，利用历史建筑遗产的保存作为城市发展的战略导向，将为其城市更新以及黄浦江两岸的发展提供一种可借鉴的新思路。

6.4　以水岸大型项目为特征的水岸再生——荷兰鹿特丹南部岬角港区

荷兰鹿特丹默兹河南部岬角港区（Kop van Zuid，荷兰语中的意思是南部区域的端头）是一个标志性的城市大型项目。该项目的另一个名称是"默兹河上的曼哈顿"（Manhattan aan de Maas）。该项目旨在将中心城区扩大到默兹河两岸，以吸引高收入居民、游客和投资者来到城市，并作为进一步发展的催化剂。

地理学家彼得·里默（Peter Rimmer）将20世纪晚期太平洋沿岸产生城市大型项目（Urban Mega Projects，UMPs）的空间语境描述为特大城市、多层次网络和发展走廊。城市大型项目被用于应对去工业化导致的经济衰退以及未来在文化与经济上具有重要性的区域。它们被有效地设计成为全球城市的功能区，并融入区域层面的"延伸"发展走廊以及全球城市的格局。UMPs通常都会出现在内城区域，并且被用作"镜头"（Lens），透过此可以洞悉当代全球化进程在不同城市的展开过程[81]。尽管来自不同的理论观点，但使用一个城市场地作为"镜头"的类似案例还有哈维对于巴黎[276]，雷伊（Ley）对于温哥华[352]，梅里菲尔德（Merrifield）对于巴尔的摩[353]，克瑞利（Crilley）[354, 355]、费恩斯坦（Fainstein）[356]以及佐金[357, 358]对于伦敦和纽约的研究——所有的文章都被集中在巨型的城市结构和城市开发的进程中。对具体的城市巨型项目的考察使得"人们可以用最全球化的结构编织出最具局部性的细节，从而使两者同时出现"[359]。城市大型项目的形式也往往与高密度的豪华居住空间、办公开发、CBD以及休闲旅游区域相结合。其中，豪华居住空间通常也被称为"消费

混合物"（Consumption Compounds）[360] 或 "城堡"[361]。这样的例子在温哥华的水岸
开发中也可以看到[81]。本节以鹿特丹南部岬角港区更新为例，探讨了全球水岸文化
传播中本地水岸重建中的文化转化问题。

6.4.1   鹿特丹城市更新背景

在荷兰境内，鹿特丹是在规模上仅次于阿姆斯特丹的城市，但是在许多经济指
标上却落后于海牙、乌特勒支以及阿姆斯特丹而排在第四位。长期以来，荷兰境内
都有对于城市蔓延的担心。20 世纪 80 年代，当政府开始试图促进内城更新时，"紧
缩城市"的观念开始受到新的重视并获得了成功，这种成功被归因于三个主要的因
素：税收政策、住房政策以及土地使用政策[362]。

鹿特丹的城市更新策略主要分布于三个层面：① 对于衰败的内城区的更新；
② 市中心的战后重建以及随后持续的加强措施以保持竞争力；③ 对于默兹河南部岬
角港区的再开发。通过这三种不同的情况，我们可以归纳总结出荷兰处理城市更新
的一些线索。尽管市场的作用持续增加，但是城市政府在城市区域再开发中也继续
起着重要作用，而不再仅仅作为开发中大多数土地和基础设施的提供者。近 15 年来，
城市再开发的重点转向了改善城市区域的经济基础和市场性的转型，以及对于房地
产投资的尝试。南部岬角港区作为其中的一个试点工程，其计划协调的公共开支可
以在大量的私人投资中起到杠杆作用。其再开发是新商业增长的锚点（Focal Point），
目的是通过有计划的、协调一致的公共支出而撬动私人投资。该地区的这项计划关
注点在于通过新的房地产开发机会将该地区转变为 "新鹿特丹"。

6.4.2   "港口—城市—区域"一体化更新进程

1. 区域整合

鹿特丹南部岬角港区的再开发符合 "港口—城市—区域"一体化更新进程。水
岸再生作为城市空间的结构性要素，体现了城市空间中心与边缘、标志与填充、连
接与扩展三种关系[90]。港口工业一直是鹿特丹的支柱产业，但随着海运业的中心
向更适合现代航运的河流下游地区转移，大片港口区逐渐荒废。通过将这一地区由
后工业地区转变为新的城市地区，并提供更好的基础设施，规划者缝合了鹿特丹城
市的北部和南部，塑造了城市新的中心形象，并拓展了城市区域的边界。在区域层

面，鹿特丹是连接荷兰北部城市阿姆斯特丹（Amsterdam）及南部比利时第二大城市安特卫普（Antwerp）两条重要空间经济走廊的纽带（图 6-10）。南部岬角港区同时作为串联城市两岸功能的核心区，通过交通等连接了河流两岸原市中心的重点区域（图 6-11）。

南部岬角港区位于鹿特丹默兹河的南岸，占地 1.25km²，与旧的城市中心水城隔河相望，在滨嫩港（Binnenhaven）、恩特例芬特港（Entrepothaven）、铁路港口（Spoorweghaven）、莱茵港（Rijnhaven）和威廉敏娜码头（Wilhelmina Pier）周围的古老废弃港口区域基础上建造起来 [363]（图 6-12、图 6-13）。这些港口位于鹿特丹市中心。南部岬角港区的更新工程可以被理解成一个新的城市发展机会，它直接来自于鹿特丹的城市管理模式，并考虑到整个城市的整体规划，属于城镇一体化的举措。主要包含：① 通过港口将城市老城区与南部区域连接起来；② 将新的城市中心地位转移到默兹河，在威廉敏娜码头建立新的办公区；③ 继续其文化政治的城市管理特色；④ 用一件艺术品——伊拉斯莫斯桥（Erasmus bridge）标记城市新的中心位置 [73]。

南部岬角港区带动了周边区域的更新。它与卡滕德雷赫特（Katendrecht）、阿非利坎德堡（Afrikaanderbuurt）以及费耶诺德（Feijenoord）等低收入街区相毗邻，这个区域被叫作"旧的南部区域" [124]。20 世纪 70 年代以前港口被废弃了，很多从事港口相关工作的工人因为集装箱的引入而失去了工作。码头和毗邻的仓储房屋以及中转区域被空置和废弃，工人阶级社区开始衰败。尽管现存的居住街区已经从 20 世纪 70—80 年代的城市更新项目中获益，然而对于前码头区域的改造措施却甚少。1978 年市议会提议该区域开发容纳 4000 户的社会住宅单元并且在同一区域建设一片"红灯区"。然而，在当地居民反对的压力下，后者被放弃了。1979 年费耶诺德居住协会为南部岬角港区准备了他们自己的社会住宅开发提案。在 20 世纪 80 年代社会住宅在现存的"老南区"的南部区域被继续开发，直到 80 年代中期，这块区域的开发才基本完成。市政府开始寻找更多的场地来满足私营部门的需求。南部岬角港区的再开发得到了认真的考虑，不是为了容纳社会住宅，而是为了更为盈利的商业用途。在 1987 年，市政府开始与城市设计师托恩·库哈斯（Teun Koolhaas）合作新一轮的总体规划。1991 年对于南部岬角港区新的土地利用提案被市议会批准了，随后它也在 1993 年被省级政府所接受且最终在 1994 年被教皇所采用 [364]。

图 6-10　鹿特丹的中枢纽带地位

（资料来源：作者根据相关资料[364] 改绘）

图 6-11　南部岬角港区（竖线区域）与
跨河重点地区间的联系

（资料来源：作者根据鹿特丹市政府官网相关资料改绘）

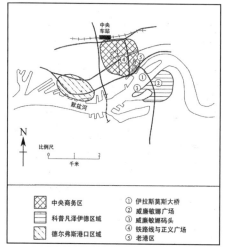

图 6-12　鹿特丹中心城几个区域间的位置关系

（资料来源：作者根据相关资料[363] 改绘）

图 6-13　南部岬角港区的总体规划

（资料来源：作者根据鹿特丹市政府官网相关资料改绘）

2. 水岸大型项目

　　这个雄心勃勃的水岸再开发计划包含 5000 个住宅单位、38 万 m² 的办公室、5 万 m² 的休闲文化设施以及 3500m² 的零售空间。大致上依区域分成两条发展路线：威廉敏娜码头和铁路港口。定位为办公区域的威廉敏娜码头已逐渐转变成默兹河上的曼哈顿，而铁路港口则转变成一个居住区，而在这两条线的交会处则设有一群公共设施：新的豪华歌剧院、捷运站等。鹿特丹市政府运用港口设施与工业用地从事都市更新，在 1975—2000 年间，南部岬角港区总计兴建了 1 万户形形色色的水岸住宅。由政府带头制定计划兴建公共建筑，随后公共部门与私营部门联手合作进行开发与投资。更新计划除了住宅、商业设施外，也包括休闲设施，加上精心规划的水岸开发空间，希望能成为可以被称作"公园城市"的超大街巷开发案。

1987 年，市政府委托城市设计师里克·贝克（Riek Bakker）任城市发展指导并委托城市设计师托恩·库哈斯进行包括码头区域在内的新一轮规划。规划希望引入新的产业，建设一个集住宅、办公、轻工业、教育和休闲娱乐为一体，充满活力和吸引力的区域。核心是交通设施的建设，其中 1996 年建成的伊拉斯莫斯大桥不仅使南部岬角港区交通变得十分便利，更将鹿特丹的南部和北部通过地标性的形象（天鹅桥）联系了起来，这极大地扩展了整个鹿特丹的空间格局，成为城市扩张和区域复兴的象征 [363]。

南部岬角港区的总体规划将开发重点由住宅转向了商业开发并且作为社会住宅的住房比例已降到 30%。总体规划最初给予场地内老建筑很少的保护支持，但是随着纽约旅馆的成功改造以及转口贸易区域的翻新，观念整体改变，这意味着更多现有的构筑物会在之后的提案中被保存。尽管整个项目被认为是一个混合使用的区域，但也更多地考虑了单个建筑中强调功能混合的概念。

通过引入新的产业开发使一个荒废的去工业化区域开始有人定居，这样类似大胆的提案在许多后工业城市都得到了共鸣，一个共同点是这些城市第三服务业在兴起而传统产业在衰退。伦敦的金丝雀码头区是这种趋势的典型案例。此外，许多欧洲城市也有类似的规模较小的例子：例如欧洲里尔、布鲁塞尔的北部和中部火车站，伯明翰的国际会展中心，布林德利广场以及里昂的巴赫第等。这种类型的建筑工程通常被称为巨型项目、有声望的建筑、旗舰项目、城市奇观等。例如，汉堡新城易北音乐厅、毕尔巴鄂古根海姆博物馆、巴塞罗那奥运村入口盖里的鱼雕塑等 [90]。城市巨型项目作为一个区域的锚点，对所在区域起着激活或者催化剂的作用。

尽管南部岬角港区的重建对鹿特丹南部其他地区产生了积极影响，然而这项重建计划最开始并没有获得成功，在实施的过程中存在预算赤字和政治问题。为了使该水岸计划有所起色，一些政府办公室、学校和设施被强制搬到南部岬角港区。然而其负面后果是城市其他地方的办公室和剧院空置，这在许多年后才得到缓解。在地域的层面上南部岬角港区的重建对鹿特丹南部的积极影响是有限的。它对靠近河流的前港口地区产生了特别积极的影响，然而仅限距离边缘一公里内的地区，对鹿特丹南部的内陆地区影响不大。然而它对整个鹿特丹城市形象的塑造的确产生了积极、正面的影响。

南部岬角港区再开发计划的管理者认为，在这个项目中赢得当地和国家的支持是整个政策实施过程中最艰难的部分。在说服了自己和当地的社区后，由于没有足够的资源来支撑重建，市议会必须获得中央政府的承诺来资助这项工程[161]，之后再与私人开发者签订公司合同来共同建造这片"新鹿特丹区域"。为了促进再开发，市议会不得不克服这个区域的两个根本性问题：一是提高市中心到这个相对隔绝区域的可达性；二是提高这个区域作为私人产业投资的地区形象。市政府对于这两方面投资的承诺是这个区域大型私人房地产进行开发的重要先决条件。为了提高可达性，新的路面桥梁和跨海隧道在提案中被涉及。伊拉斯莫斯大桥在1992年开始动工并且在1996年完成。随后一年新的地铁站开始运行了，使得从南部岬角港区出发在4min内可以到达城市中心，在8min内可以到达鹿特丹中央火车站。地铁站的建设被包含于威廉敏娜码头的开发之中，从地铁站出来就能直接进入新的卢克索（Luxor）剧院。

在南部岬角港区的再开发中，更新的措施是逐步实现的，持续了很长的时间，并包含很多新的想法[73]。例如：① 关于将城市向西进行改造与向南对南部岬角前港口区进行改造的争论；② 1982年南部岬角港区的鹿特丹建筑国际活动（AIR-Architecture International Rotterdam），由阿尔多·罗西、约瑟夫·保罗·克莱休斯（Josef Paul Kleihues）、奥斯瓦尔德·马蒂亚斯·翁格斯（Oswald Mathias Ungers）和德雷克·沃克（Derek Walker）提出城市设计方案，并在此倡议范围内就城市形式进行辩论[364]；③ 1981年建筑师卡雷尔·贝伯（Carel Weeber）在南部岬角港区设计了回形针实验性住宅建筑群；④ 20世纪80年代后期社会对创新的渴望，导致当时几个"政府报告、书籍和会议包括了'新'的形容词：新鹿特丹，鹿特丹更新"[25]等。

威廉敏娜码头在1992年完成并且有15万 m² 的占地面积，包括一个美术馆、零售商店以及税务部门、海关办公室、法院和未来用于商业出租的办公空间等。威廉敏娜码头发展有限公司位于该区域西侧。这块位于默兹河以及莱茵港之间长条形的半岛区域是历史上邮轮的停泊区域以及荷兰至美国航线的基地。在这个区域最早的翻新工程中，1993 年航运公司的总部被改造成了纽约旅馆。由于威廉敏娜码头是欧洲大型游轮的主要出发码头，这些游轮将移民带到美国，纽约旅馆因此而得名。此历史改造建筑位于半岛的头部，并迅速成为一个受欢迎的旅行地标。许多著名建筑师的作品在威廉敏娜码头落成，例如诺曼·福斯特（Norman Forster）设计的海员安全中心（Marin Safety Center）和世界港口中心（World Port Centre），以及伦佐·皮亚诺设计的 KPN 电信大厦（Telecom Headquarters），OMA 设计的鹿特丹公共交通大楼（Rotterdam Public Transportation Building）。其他大型的商业和混合使用的发展公司正在建设或者规划中。有声望的建筑为城市区域增加了影响力[161]。在威廉敏娜码头东侧，之前转口贸易的区域被改造为一个休闲的区域。它包括一个大型的仓库辅之以新的建筑来容纳工作室，一个市场、商店、饭馆、住宅以及码头。伊拉斯莫斯大桥脚下的新的卢克索剧院为这个区域带来了文化活力，它是新理性主义和晚期未来主义建筑的杰出范例。南部岬角港区的其他部分，远离默兹河以及地铁站的部分，被用作附近地区的住宅、工作场所、零售以及社会设施。重建前的威廉敏娜码头被肮脏的港口活动、铁路线路和仓库所占据，重建后成为大型邮轮和用于到美国移民的大型船舶的出发码头，链接全球水路网络的节点以及鹿特丹新现代性城市区域的代表。

3. 公私合作

开发采取了公众和私人共同参与的模式，合理分配利润，为项目提供了广泛的社会基础和充足的资金来源。在南部岬角港区实现一个如此大型和复杂的项目，需要数量众多的公共和私人机构的共同参与，其中涉及：鹿特丹城市规划与住房部门——负责土地使用规划、城市以及建筑设计；鹿特丹城市开发公司——负责房地产管理以及财政管理；鹿特丹公共工程部门——负责土木基础设施工程；鹿特丹交通运输公司——负责公共运输；鹿特丹港口管理局——之前的土地所有者；私人开发者以及当地社区团体等。与其他的城市主要再开发项目类似，南部岬角港区成立了一个单一功能、短期的组织。这个组织由一个项目经理所领导，同时由项目办公室以及两组专家团体所支持——"通讯"小组以及"互惠互利"小组。"通讯"小组负责公共关系和推广；"互惠互利"小组的目的是使当地社团的投资利益最大化。"互惠互利"小组处理区域的就业问题，并且试图在寻找工作的当地居民以及将在此区域定居的新雇主之间建立联系。此外，这个组织意图加强当地较贫穷街区的经济结构，例如建立阿非利坎德堡（Afrikander）附近区域的店主协会。它作为一个经济开发者，通过提供管理工作区以及业务规划建议来鼓励当地的企业 [365]。

南部岬角港区的特点包括：公—私合作关系、项目内的土地整合、本项目和周边区域整合 [366]。然而，公—私合作关系的一个负面效应是它们导致了高价值的土地用途的过度表现（例如办公、零售以及高档住房的出现），并以牺牲社会住房以及社区配套为代价。毫无疑问的是，荷兰确实从社会住宅供给向私人住房的政策转变。同时，对于商业的投资也在持续，住宅、休闲和旅游开发也增长了。然而，这些趋势似乎都是公—私合作关系以现代的形式建立前所发生的，并且在城市景观中广泛传播。例如，在城市中心水城内的土地混合使用与南部岬角港区更新有一些相似性，但是没有受益于相同的合作机制。因此，一个对于公—私合作关系更好的解释是，他们是通过城市更新实现高价值土地用途的一个机构而不是这种趋势的策划者。

高水平的内部功能整合是南部岬角港区一个突出的特征。市议会鼓励将混合使用作为其紧缩城市策略的一部分。南部岬角港区到底有没有成功地和周围区域进行整合是一个更加复杂的问题。至少一些积极的迹象证明此项目努力尝试了。公共当局承担了巨大的资金投入，通过桥梁与过海隧道将南部岬角港区和现有的城市中心联系起来。伊拉斯莫斯大桥的南部出口被调整成面向"南部旧区"当地交通需要，而不是直接服务于区域路网的需求。"互惠互利"小组尝试将当地居民和区域中出现的工作机会联系起来。一些土地使用，例如新的鹿特丹应用科技大学的设立，被用来鼓励本地居民获取经商的技巧，以迎合当地新雇主的需要。同时该区域新设立的公司从城市的各个地方雇佣工人，而不只专注于河南岸。

也许南部岬角港区更新的最大贡献在于税收层面。鹿特丹市议会与私人投资者合作投资 1 亿欧元。棕地／废弃区域受公共控制，因为它们归港口所有，而港务局归城市所有。在鹿特丹土地是公有制的，并且大多数最初的基础设施投资由当地政府承担，利润的回报以土地租金和房产税的形式出现。当项目完成之后，此开发项目产生的房产税被预测将会达到城市现有总的房产税的 5%。这对于城市的税收来说是一个主要的贡献，市政府可以将此收入在任何合适的领域进行支出——对未来基础设施的投资以保持城市的竞争力或者在其他区域更新项目中进行跨区域的资助，例如德尔弗斯（Delfshaven）港口的更新。

6.4.3　全球文化传播中的水岸再生

水岸再生与全球化时代紧密相关。罗比·罗伯逊认为我们正在经历第三次全球化的浪潮，新的信息和沟通技术因持续发展建设的基础设施和交通节点而变得可行，文化传播的现象得以更加快捷地实现。旧的港口地区被认为位于新的城市景观中策略性的位置，可以作为联系本地网络以及全球网络的中间介质。文化传播的现象在水岸新区建设中蔓延，使得它们呈现出相似的城市景观。在纽约曼哈顿、上海陆家嘴水岸新区都能找到默兹河南岸新区的影子。这块代表着"新鹿特丹"的现代性水岸新区，通过城市大型项目的方式得以实现，也不可避免地创造了相似的全球城市的文化奇观。居伊·德波曾指出：奇观已经蔓延渗透到所有现实中，虚假的全球化现象也是对全球的伪造[10]。现代城市语汇里，这种奇观指的是闪闪发光的摩天大楼、高架公路或者标新立异的建筑。引人瞩目的空间形象可以带来巨大的社会和经济效益，甚至可以极大地促进休闲购物、城市旅游等消费活动的发生。无疑，奇观是对地域性文化最强烈的冲击，同时也伴随着消费商业社会中"身份创造"的问题[11]。这块区域，尤其是威廉敏娜码头的打造，更像是从天而降的小曼哈顿，这种异质的介入在某种程度上导致了地方性的消隐。南部岬角港区形成了一种拼贴的现代性。同时这片区域也是新海滨项目的推动者以及浮式建筑实验的舞台。

作为全球的文化现象[12]，这样相似的消费城市奇观似乎在众多的水岸实践中都可以找到线索。例如上海陆家嘴[13]、徐汇滨江（今西岸）[14, 15]、伦敦道克兰码头[16]、新加坡滨海湾[17]、巴塞罗那[18]、阿姆斯特丹东港口（KNSM 岛）、汉堡港等。水岸大型项目，通常都会通过创造标志性的建筑、引入文化和艺术机构、打造高端的商业办公及居住区等来实现。在社会层面，基于创造就业、拉动经济、增加全球旅游、扩大全球城市影响力等社会目标，当然也会轻易地引发士绅化、地价飙升、阶层隔离等问题。水岸再生本身的复杂性与矛盾性[19]，引发了"边缘或中心"的双重含义，这不仅仅是地理空间上的概念，而更加是社会空间上的。

让我们来观察一下，南部岬角港区更新中文化在地转化中存在的问题。直到今天，吸引公司来默兹河南部定居还存在着许多问题，许多办公空间出现空置。似乎只有与政府相关的办公空间（税务局、法院大楼、学校、地方政府办公室和港口当局）是成功的。这些办公空间大多数都非常昂贵，并由国际明星建筑师设计。标志性的基础设施伊拉斯莫斯大桥，也因浪费税款而受到很多批评。一些学校和公共文化建筑（大学、电影院、剧院等）已经从原来的城市中心搬到了南部岬角港区，负面影响是人们现在必须从城市旧中心搬到另一边的河流。这引起了很多阻力，尤其是在早年，但是现在更容易被接受。这种居民心理变化的过程在黄浦江跨越浦西浦东两岸的开发进程中也曾出现 [92]。此外，尽管该项目以社会融合的目标为导向，但有许多高端的住宅地产开发仍主要针对高收入的游客、投资者和潜在（高收入）居民。结果，南部岬角港区项目推高了邻近地区的房地产价格，导致可负担得起的居住和工作空间的短缺，并将贫困人口推向其他社区。

6.4.4　小结

鹿特丹南部岬角港区更新属于世界范围内全球水岸再生坐标网络中的第三阶段（20 世纪 90 年代）[12]，这个阶段伴随着全球化进程的推进，出现了城市企业主义、市场化以及售卖城市等城市文化现象，历史建筑的保护计划也在此阶段盛行。南部岬角港区大型水岸项目基于良好的公私合作机制以再造现代化的水岸新区为标志性特征。公共部门和私营部门之间的合作建立在相互信任和共同目标的基础上，而规划者则试图寻求使公共和私营部门都受益的双赢局面。在其中鹿特丹市政府发挥了关键作用，促使了社会融合目标的实现 [367]并带来了更广泛的利益。这与将开发利润作为主要目标的许多其他港口城市（例如纽约哈德逊码头）的私营部门发展相反。尽管还存在很多问题，然而针对上海的水岸建设，我们依旧可以从南部岬角港区水岸项目在重新连接衰退的默兹河南岸与更加繁荣的河南岸旧的城市中心的尝试之中汲取些许经验，例如：

——后工业进程中对城市与海滨的重新链接；

——面向消费社会的新公共空间；

——利用遗产创造身份及不可避免的士绅化；

——经济促进旅游业和零售业并带动临近的地区；

——重塑鹿特丹作为世界港口城市的形象。

该水岸项目的成功还依赖于高质量的建筑设计和项目后期获得的私人投资。同时也证明需要比原计划更多的公共和私人投资担保才能使水岸的持续更新成为可能。该项目是以公寓和住宅区为首而展开的，后期注入了私人融资的写字楼。世界范围内与水岸相关的大型项目表明，社会融合难以实现，水岸开发的结果通常只会出现高端住宅区。因此，在市场作用不断增强的同时，仍然需要城市政府的力量进行监管，不仅是为了空间质量，也是为了保障所有人的生活质量，这包括保证提供足够的（可负担的）住房。鹿特丹南部岬角港区的一个重要经验是，政府控制的住房合作社在提供经济适用房方面发挥了关键作用。上海黄浦江沿岸的水岸开发项目也可以受益于更多的住房（尤其是经济适用房），相对于仅仅是办公室的情况而言，大多数时间是空置的并且只在白领午休期间会有一些活动发生，这些住房有助于促成 24 小时的水岸活力空间。

6.5　以艺术地标引导的水岸再生——西班牙毕尔巴鄂里尔河古根海姆博物馆

作为全球性连锁经营的艺术场馆，古根海姆博物馆是所罗门·R. 古根海姆（Solomon R. Guggenheim）基金会旗下所有博物馆的总称，也是世界上著名的私人现代艺术博物馆之一以及世界首屈一指的跨国文化投资集团品牌。古根海姆博物馆第四任馆长托马斯·克伦斯（Thomas Krens）开创了"全球古根海姆"（The Global Guggenheim）博物馆品牌全球连锁的经营方式，使得"古根海姆"与"国际性""全球博物馆""跨国博物馆""国际连锁博物馆"等名词划上了等号。"全球古根海姆"凸显的不仅仅是全球化背景下美术馆经营的一种企业化的模式，也改写了 20 世纪以来博物馆机构运营行销的规则。古根海姆博物馆本身也成了一个全球化的想象。

古根海姆文化帝国版图在世界范围内进行扩张，除去本节涉及的西班牙毕尔巴鄂古根海姆博物馆（Guggenheim Museum Bilbao）（1997 年），还包括美国纽约古根海姆博物馆（1959 年），这两个是该系列中最为出名的博物馆。同时还包括意大利威尼斯的佩姬古根海姆（Peggy Guggenheim Collection）（1979 年），德国柏林古根海姆（Deutsche Guggenheim Berlin）（1997 年），美国拉斯韦加斯的两处分馆（Guggenheim Las Vegas 和 Guggenheim Hermitage Museum）（2001 年），阿联酋阿布扎比古根海姆（预计 2025 年完工）[368]。古根海姆系列博物馆以建筑项目策划、建筑方案设计、建设相关事件、建筑的体验和应用为媒介，在传播建筑艺术的同时，培养了品牌的认同，宣扬了品牌的魅力。"古根海姆全球化"似乎与"麦当劳全球化"以及"迪士尼全球化"划上了等号，作为一种建筑文化（建筑设计文化或者投资方的文化营销策略）的全球传播，它也同时与"同质化""城市奇观""城市营销"等语汇相关联。

此外，"古根海姆效应"与"毕尔巴鄂子效应"鲜明地体现了全球与本地的互动关系。"Global"（全球）和"Local"（在地）间的文化转化问题，也是文化传播全球在地化的典型案例。"全球在地化"的概念最初由美国社会学者罗兰·罗伯森于 20 世纪 90 年代所创造，用以形容"生产某种具有标准意义产品的同时，迎合特定市场或个别爱好以打开产品销路"[4]。罗伯森认为全球化与地方反应具有交错、矛盾、融合的复杂关系，同时全球化是全球化与在地化并行的进程[5]。

由建筑师弗兰克·盖里设计并于 1997 年建造完成的西班牙毕尔巴鄂古根海姆博物馆，因其令人惊叹的后现代解构主义建筑形象，成为了西班牙文化和巴斯克地区城市生活与文化的重要象征，并在全球化的早期吸引了人、资本，成为城市整体复兴奇迹的催化剂，同时也被一些学者认为是城市营销带动城市更新的典型案例[369]。本节从毕尔巴鄂的城市整体复兴角度切入，探讨了以古根海姆博物馆旗舰项目为触媒的毕尔巴鄂子效应下的城市更新模式。

6.5.1　毕尔巴鄂的城市复兴计划

1. 毕尔巴鄂城市更新背景

作为西班牙的第五大城市，毕尔巴鄂位于马德里、巴塞罗那、塞维利亚、瓦伦西亚的排名之后，城市规模与都柏林、利物浦以及佛罗伦萨接近。毕尔巴鄂是西班牙巴斯克自治区的中心城市，位于耐尔比翁河口。自中世纪以来，得益于其优越的地理位置，毕尔巴鄂逐渐发展为重要港口和工业城市，成为北大西洋的欧洲、卡斯蒂利亚王国以及塞维利亚和美洲之间的联系纽带。在 19 世纪，毕尔巴鄂发展成为仅次于巴塞罗那的第二大工业中心，采矿、钢铁等行业占据了城市的景观，航运和铁路在城市的水岸留下了印记。20 世纪 60—70 年代，随着制造业危机的爆发，这个工业城市陷入了经济的衰退，毕尔巴鄂遭遇了高失业率、环境衰退、城市发展停滞以及人口外流。在 20 世纪 80 年代早期巴斯克地区政府重新掌控了毕尔巴鄂的经济发展方向，使其从工业转向金融服务业以及电信业。

20 世纪 80 年代末，毕尔巴鄂面临着许多与同时期上海相似的问题。毕尔巴鄂是一个以工业产值为基础的经济发动机，与世界上许多城市一样，在去工业化的过程中开始失去经济活力，城市随即陷入衰退。因感到前途暗淡，巴斯克自治区政府决定将自身经济从工业基地转变为服务基地，努力使该地区和毕尔巴鄂市成为欧洲大西洋边缘的中心地带。因此，巴斯克政府启动了城市振兴规划，该计划包括一系列的战略举措，包括：增加对于人力资源的投资，创造一个服务导向型的大都会，增加流动性和可达性，加强环境改善与城市再生，使得毕尔巴鄂成为该区域的文化中心，并通过引入公共行政部门和私营部门的合作机制来协调更新，并且最终促进毕尔巴鄂市民社会生活的改善。

毕尔巴鄂的复兴是一个著名的城市更新的故事，其内尔维翁河（Nervión River）滨水区重建的努力是其成功的核心，而古根海姆博物馆正是位于内尔维翁河的岸边。在其中以毕尔巴鄂都市 30（Metropolitan-30）为代表的公私合作机构试图推动毕尔巴鄂地区的复兴计划，并制定了以文化发展为中心的策略。经过成功的城市更新的努力，毕尔巴鄂已经成为西班牙的银行资本，并且力图成为欧洲的信息技术门户。萨穆迪奥（Zamudio）科技园位于城市的东北侧，拥有 38 个创业公司，涵盖生物技术、电信、软件和机器人等技术领域[74]。

2. 通过城市项目进行城市更新

在毕尔巴鄂政府和比斯开郡议会的要求下，1989 年开始了复兴毕尔巴鄂大都会的战略计划。经济和社会机构代理商被整合进大都会地区，以便对其强弱点进行诊断；构建成功的愿景并制定实现愿景的战略。这种愿景将毕尔巴鄂描述为一座开放、多元、综合性、现代化、创意化、社会化的文化之都。复兴的战略计划的总体目标包括：

（1）完成基础设施建设（港口、机场、铁路系统、公路系统），这将与国家和国际经济发展的基本点和轴线相联系；

（2）最大化毕尔巴鄂大都会的地理位置的优势，特别是内尔维翁河两侧河岸，在全国范围内建设设施、提供服务和举行活动；

（3）建立改善城市环境的项目，这将促进与必要的经济转型相关的城市转型，尤其是将大幅度改变内尔维翁河沿线的城市空间面貌，从而使区域从边缘空间变成一系列具有新使用用途的轴线区域以及一个具有强大结构潜力的新中心区域。

复兴的战略计划的具体目标包括：

（1）整合内尔维翁河两岸，最大化利用河岸打造高质量城市区域；

（2）指导沿海地区的发展［格乔（Getxo）和普伦特西亚（Plentzia）之间］，打造高质量混合居住区；

（3）缓解目前的城市区域高密度和拥挤的问题，特别是河流左岸；

（4）促进经济活动区的创建，其中工业和服务业可以在同一空间混合并相得益彰；

（5）通过创建新的经济活动（第三产业），复兴衰败的居住区和废弃的工业区；

（6）促进区域的居住功能和服务功能相结合，以便重建高密度城市区域，并提供城市原型、设施和开放区域，以改善邻近地区；

（7）充分利用机场和通信设施进行新的开发，打造连接大学、机场和技术园区的新轴线；

（8）打造市政公园体系，包括河岸的大块地区。

战略计划基于一个信念——毕尔巴鄂的技术专业化可以通过创建更多的企业支持服务来加以改进。这有助于提高该区域对邻近城市的活动辐射范围，改善巴斯克地区与欧洲最具活力空间的轴线和走廊之间的联系。为实现此专业化特征，需要促进与欧洲其他地区在技术和商贸间的合作与交流，以及基础设施的建设，而毕尔巴鄂工业经济的崩溃无法实现服务或新产业的理想化。同时，打造一种新的产业经济，在经济和城市层面消除工业和服务业的分离。新产业中被嵌入了服务业的内核，提供了高质量的区域，以及所需的工业、居住和服务空间。现在，毕尔巴鄂大都会区32个自治市中的新服务业产生了很多新工作机遇——工业、旅游业、高科技产业以及信息和通信传播业。越来越多的年轻人被吸引到这些区域进行学习，希望得到就业机会。

正如其他西班牙城市一样，毕尔巴鄂的规划者深知领土和区域规划（Territorial and Sectoral Planning）及规章制度对于实现社会目标的重要性。研究基于综合性方法，将领土空间问题与经济、人口统计学及金融因素等结合在一起。在意大利建筑师布鲁诺·泽维（Bruno Zevi）对巴斯克城市规划者的进言里，包括：领土的经济学规划、人口统计学和空间规划及区域规划、绿化带和公共空间、保护区界限和水利资源等。这些研究是城市规划展望的根基，有助于阐述城市的未来愿景。根据巴斯克的城市传统，建筑表现和城市区域设计（思想的城市化）是研究过程的一部分，城市项目应该有示范性的视觉操作参数。

特别是内尔维翁河沿岸阿班多瓦拉（Abandoibarra）区域的规划，可以证明毕尔巴鄂一直是通过"城市项目"进行规划的，并分成三个层级。第一层级是整个巴斯克社区；第二层级是中间层级，包括毕尔巴鄂功能区（Functional Area of Bilbao）、圣塞瓦斯蒂安、维多利亚；第三层级是每一块直辖市区域，形成了毕尔巴鄂大都会地区。

在整个巴斯克社区层级，主要面临的挑战是需要强化整个领土模型，那就是能够巩固一个城市体系来吸引欧洲产生的经济、社会和文化创新项目。人们相信，规划可以以一种平衡的方式帮助扩大在巴斯克地区所产生的机会。为了实现此目标，需要在城市系统的不同层面构建策略。这需要一个未来愿景，其中经济和工业政策，危机中的国家和公共企业、自治港和大型基础设施的利益，可以寻求共同的参照点。在毕尔巴鄂的案例中，城市规划的结构性出发点包括以下方面：

（1）整合内尔维翁河沿线不连续的开发，形成"线性"的集聚区；

（2）考虑到大片棕地的存在，需要将其重新开发，成为城市新功能区；

（3）连接并整合内尔维翁河的两侧，突出建设新桥梁和边界元素的重要性；

（4）通过一个多式联运铁路促进城市活力和交通可达性，地铁和新道路系统应该连接所有区域内的所有位置；

（5）通过保护性设施保护区域免受洪水侵袭，但不掩盖设施的辨识度（如吊桥设施等）（图 6-14）。

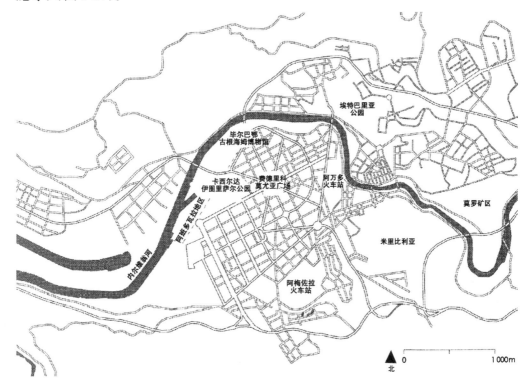

图 6-14　毕尔巴鄂水岸示意图

（资料来源：作者根据相关资料[74]绘制）

3. 作为核心区域的阿班多瓦拉地区的转型

最大规模的转型发生在阿班多瓦拉，这是一块面积为 34.6 万 m² 的毕尔巴鄂核心区，该区域由滨河的工业区转型为城市的新公共中心和城市门户。这些转型与港口位置的转移以及与港口有关的活动和产业的中止紧密相关。该区域被一座造船厂、一座大型集装箱站、两座火车站及一座码头所占据。西萨·佩里于 1996 年主持设计了这一区域的总体规划，2012 年规划基本实施完成。整个区域的复兴一直受到于1992 年成立的"毕尔巴鄂河 2000"协会（Bilbao Ria 2000）的管理，该协会由中央政府连同巴斯克地区主管部门共同创建[370]。该机构是一家具有巴斯克地区风格的私营城市开发公司，可使用公共资源，并负责在毕尔巴鄂都市圈内实施一系列市区重建行动[371]。整个阿班多瓦拉项目耗资 1.85 亿欧元，其中 26% 由该协会出资（通过将土地出售给私企），45% 由所在地区和所在省出资，建立古根海姆博物馆；29% 由所在地区和所在省出资，建立音乐厅。

跨越桥梁的河流一直都是毕尔巴鄂城市更新表现中的重要部分，其中一部分记忆是历史的重要组成部分，然而这些大桥还不足以完全融合河两边的城区。1893年，曾参与埃菲尔铁塔建设的当代建筑工程师马丁·阿尔贝托·帕拉西奥斯（Martin Alberto Palacios）设计并主持建设了连接波图加莱特（Portugalete）和拉斯·阿里纳斯（Las Arenas）的比斯开吊桥（Vizcaya Bridge），该桥已作为世界上第一座运渡桥被列为世界文化遗产；1997 年，在尤斯卡尔杜纳（Euskalduna）区域，哈维尔·曼特拉（Javier Manterola）设计了一座带有覆盖的径向桥；圣地亚哥·卡拉特拉瓦（Santiago Calatrava）设计了白色的苏比苏里（Zubi Zuri）人行桥以及佩德罗·阿鲁普（Pedro Arrupe）桥。毕尔巴鄂会展中心（Bilbao Exhibition Centre，BEC）是一座占地约 40 万 m² 的建筑，由一家区域公司出资建立，建设在巴拉卡尔多（Barakaldo）一座炼铁厂的旧址上，有 11.7 万 m² 的会展区，4000 个（地下）停车位，一座1.8 万 m² 且拥有 6500m² 办公区的会议中心，以及方便的交通设施，便于访客和货物的运输，该项目在 2004 年竣工[372]，成为毕尔巴鄂城市国际形象的中心。这片区域的规划战略包括翻新毕尔巴鄂的重要区域，例如为体育俱乐部准备的新体育馆、住宅和与高速公路的新连接。

阿班多瓦拉地区的重建被视为古根海姆博物馆及其转化力量的"连带效应"，该城市区域与具有国际声望的文化艺术机构、建筑师合作，试图重塑毕尔巴鄂的国际

形象 [373]。其中，诺曼·福斯特在 1988 年赢得了一个国际地铁设计竞赛，将新的地铁站与城市的道路和广场联系起来。此外，圣地亚哥·卡拉特拉瓦还设计了毕尔巴鄂机场航站楼。极富视觉冲击力的古根海姆博物馆自 1997 年落成起便蜚声海外，吸引了世界各地的大量游客和投资者，成为带动地方经济的龙头。同时，城市交通、供水基础设施、建筑、城市营销和都市区战略等方面的发展，共同促进了毕尔巴鄂大都市地区的复兴。

西班牙毕尔巴鄂的古根海姆博物馆在 1997 年开幕，向世人展示了在一个积极作为的市长委托下一个富有想象力的博物馆如何挽救一个衰败中的城市的故事。毕尔巴鄂游客的支出给当地政府带来的税收足以收回建设成本并仍有剩余。伴随着绿地空间和为城市生活带来复兴与活力的移民，一个繁荣的文化部门是使一个城市强盛的重要组成部分。凭借标志性的文化旅游产业，毕尔巴鄂摆脱了经济衰退的影响，实现了城市复兴。尽管存在有割裂游客与体验本土文化的争议，但以大型公共文化艺术建筑促进城市发展的"毕尔巴鄂效应"（The Bilbao Effect）自此成为城市更新的一个重要模式。

公共和私营部门的合作伙伴关系快速响应了毕尔巴鄂的发展机遇，两大公私合营机构得以成立：分别是"毕尔巴鄂河 2000"和"毕尔巴鄂都市 30"，将不同的行政层级、利益群体和重建活动整合起来 [374]。毕尔巴鄂都市 30 是负责毕尔巴鄂大都会复兴项目的协会，汇集了 130 个机构、公共公司和私营公司以及城市战略管理领域的规划和研究机构，这是一个旨在创造协同效应，规划未来和促进毕尔巴鄂复兴项目的公私合营协会，港务局是该协会的创始者之一。毕尔巴鄂河 2000 是致力于将老工业用地转用于新投资项目的城市发展公司。成员包括里亚巴斯克自治区政府、里亚市政府、西班牙发展委员会、西班牙国家铁路局、西班牙工业部、毕尔巴鄂自治港等。协会联合了上述机构，这些机构拥有土地和不同的功能性利益，且实现了来自不同阵营的主要政党的政见一致，目标意在建设具体项目。该协会目前正在建设的项目有：铁路大道、阿梅佐拉（Amezola）地区的干预措施、阿班多瓦拉地区的干预措施（巴斯克宫、古根海姆博物馆、酒店和住宅）、巴拉卡尔多—里亚—加林多区域（Barakaldo-Ria-Galindo Area）的干预措施（毕尔巴鄂会展中心）[372]。

6.5.2　毕尔巴鄂子效应

毕尔巴鄂古根海姆博物馆是内城更新的旗舰性城市艺术品和令人注目的开发活

动的标志性产物。该馆斥资 1 亿美金，主要展出毕加索、塞尚、康定斯基、保罗·克利和安赛尔姆·基弗等艺术家的作品。开馆第一年仅门票收入就占当年全市财政总收入的 4%。博物馆活化了当地的经济（巴斯克区的工业产品净值因此增长了 5 倍之多），也为该市带来新生，毕尔巴鄂一跃成为国际大都市的典范。

　　古根海姆博物馆旗舰项目在毕尔巴鄂城市的选址建成及最终获得成功，被认为是多方因素共同促成的结果。从都市振兴的角度，毕尔巴鄂古根海姆分馆的成功可以归纳为八个方面的原因：整体规划，以毕尔巴鄂古根海姆分馆为触媒，现代化的运营策略及管理模式，善用公、私资源，培养地方策展能力，弹性修正运营策略机制，重视各界不同的需求，地利位置佳 [375]。也有学者指出最重要的影响因素是古根海姆基金会（纽约）对流动收益的迫切需求，而一些私人关系网络则在两者之间发挥了联系作用 [373]。古根海姆博物馆扩张成为一个真正的国际性机构，使得博物馆事业可以借由连锁加盟成为一个全球运营的知识经济产业 [376]。建立城市间的国际性链接来促使毕尔巴鄂融入国际尺度的创意网络之中。毕尔巴鄂城市公共资金支持传统和现代创意产业中的创造性人才，并在企业和人之间建立协作联系。

　　由于全球古根海姆效应的持续发酵，使毕尔巴鄂这座原本名不见经传且经济极度衰退的重工业城，成功转型为以文化及服务性产业带动都市蓬勃发展的世界观光新都，在博物馆建成的第一年（1997 年）就吸引了 140 万游客，无论是从参观者的人数、会员数、产生的就业以及其教育计划而言，毕尔巴鄂古根海姆博物馆无疑已经成为最为成功的分支场馆 [377]，创造了以文化振兴地方经济的文化资本新思维。而古根海姆博物馆的"毕尔巴鄂子效应"也由艺术、建筑、观光的研究领域而溢出，扩展成为经济、都市计划、人口变迁、文化研究等热门研究话题 [376]。"毕尔巴鄂奇迹"的出现被认为主要依赖于四方面：良好的政治意愿与公私合作机制、新的区域规划策略（DOT 等）、市民的参与与支持以及成功的旗舰项目 [374]。

　　近几十年里，在英国、美国以及大多数其他西方国家，出现了"艺术引导"城市更新的政策，这样的策略被寄希望于重建城市的外部形象，使得城市对潜在的投资者和游客更具吸引力，并触发城市物质和环境振兴的过程。古根海姆分馆所激发的"毕尔巴鄂奇迹"，成为 20 世纪后期以文化促进城市更新的重要案例。除此之外英国的格拉斯哥、德国的鲁尔区等也都成功地通过文化策略完成城市更新并成为欧洲文化之都的一部分 [139]。文化政策被认为是使当地经济多样化以及实现更高程度社会融

合的重要手段 [378]，可以吸引投资以及推进不同利益团体调合 [379] 并增加市民和个人的荣誉感。

　　然而，在古根海姆的全球扩张过程中也有其失败的案例，例如，纽约 SoHo 分馆（Guggenheim Museum SoHo）于 1992 年开馆，却因长期的收支不平衡于 2001 年 12 月关闭。古根海姆博物馆的全球性扩张背后无疑更多的是出于对经济利益的考虑，无论它的分馆的设立成功与否，这并不仅仅与博物馆本身品牌有关，此外还与当地城市再生中的政治、经济、文化的策略有关，这也是全球与本地互动关系的一个佐证。同时，古根海姆的扩张模式也在某些层面上被认为是类似于文化的侵蚀和侵略。此外，舆论对克伦斯的经营与行销模式也有严厉的批评，认为克伦斯把古根海姆变成了一个超级卖座大展的制作与展示工厂，这有如麦当劳以连锁店的经销制度铺设强势通路进驻到世界各地，古根海姆博物馆因此与"古根海姆麦当劳化"（McDonaldization of the Guggenheim）、迪士尼化等极具讽刺意味的别名划上了等号。正如同波兰社会学家齐格蒙特·鲍曼在《全球化——人类的后果》一书中认为全球化带来的不是我们预期的混合文化，而是一个日益趋同的世界 [1]。麦当劳古根海姆现象是对"麦当劳模式"的衍生，对文化机构来说，至今仍会引起极大的恐慌。对此提出的疑问是，全球各地（例如亚洲、非洲、南美洲等）都会需要古根海姆博物馆吗？如果需要，那么到底它为谁的利益服务？巴尼奥托普卢（Baniotopoulou）指出毕尔巴鄂古根海姆的出现对于当地的艺术场景鲜有贡献，其收购的巴斯克地区以及西班牙艺术的作品也相对较少，与此相对的是反映出古根海姆基金会自身想要走在国际艺术界前沿的野心 [380]。伊万斯（Evans）也指出类似于毕尔巴鄂古根海姆的旗舰项目通常是以当地和区域文化发展为代价的 [381]。

6.5.3　小结

　　通过令人难忘的古根海姆博物馆文化旗舰项目，毕尔巴鄂从国际上提升了地区形象，成为通过文化政策而不是房地产推动城市更新的典型实例。毕尔巴鄂的经验是，城市滨水区形象的重新塑造提升了城市的全球竞争力，在这个过程中公共和私人的合作关系提供了强大的支持，通过将具体的城市项目融入城市规划与城市发展目标中，毕尔巴鄂分步落实了城市更新的具体步骤，使得整体的城市更新目标得以有序进行，并最终通过一座引人注目的古根海姆博物馆旗舰项目的落成成功地触发了城市整体的复兴。在这之后这座城市开始进行常规性的商业开发，以填充滨水区的多样性城市功能，从而对其中起引领作用的文化功能进行补充，使得城市的活力能够更加长久。毕尔巴鄂的古根海姆博物馆作为在地性的一个透视镜，透过其可以窥见一个全球性的博物馆文化扩张计划，以及因此产生的全球古根海姆效应。毕尔巴鄂子效应下促成的尤其是滨水区域的重建已经成为城市更新的典范，这为我们未来通过文化资本与产业进行的城市更新提供了可以借鉴的案例。

第7章
结语与展望

7.1　全球化、本土化及身份认同

全球化、现代性使得城市的身份剥离，新时期的文化塑造必须与场所和身份感有一定的地方共识和联系，否则，异议变得不可避免。这要求我们从理解身份的定义出发："身份"一词自20世纪80年代起在社会各个领域已被大量使用，不仅仅在城市规划和建筑学，也存在于语言学、历史研究以及社会科学等领域，以及在关于政治和政治改革的讨论中。首先，这些关于"身份"的讨论都有相同的来源，他们源自恐惧或担忧由于新的发展，例如扩大规模、国际化和新技术的可能性所造成的社会某些方面的缺失。最开始，"身份"一词似乎是一个概念，主要被用来保护群体或场景的现存特征甚至是所谓的历史情况，免受来自现代化进程的破坏性结果。然而，这种新的关注点并不是没有争议的，即如何确定城市的文化或身份？

与此同时，无数的评论都针对频繁地使用"身份"这个术语，然而这是一个没有被充分放大的话题。也许近些年已经扎根的概念会显得不那么激进：也就是人们可以说出团体、国家、城市或地点的身份，但是这可以被看作既不是同质也不是静态的概念。同时，对一个地点或群体的身份的某种理解并不总是被该地点的所有居民或群体成员以相同的程度所共享。而且，不仅群体或地方有可能改变其特征，而且人们对其身份的认知也有可能改变。在当前关于"身份"的言辞中，"身份"的术语和对其的理解或"身份认同感"经常彼此混淆。"身份"这一术语的使用经常意味着理解或认同感。

荷兰社会科学家范德·史塔伊（Adriaan van der Staay）简要概括了与身份概念相关的复杂性：个体的（文化）概念——身份的概念，阻止我们将现实看作是角色和元素的动态过程，这首先是极其多样的，并且从中产生了意义。简而言之，取代功能标准作为城市设计基础的文化标准远不如人们通常认为的那么明显和明确。对城市规划概念更新的期望而言，存在的是更大范围的话语混乱，而不是新的共识[25]。

卡斯特理解的身份是建立在文化属性或相关的一组文化属性的基础上的意义构建过程，它优先于其他意义来源[382]。对于给定的个人或集体角色，可能有多个身份。然而，这种多元化的身份在自我表现和社会行动中都是压力和矛盾的来源。文化身份在不同语境中有不同的内涵，在不同的角度上更会产生不同的观点。从民族国家的角度出发，文化身份是由民族共同想象所赋予的，同时也是在政治上保护民族认同的有效工具。从人类学的角度出发，文化身份的内涵会超越局限的政治文化而显得更加广泛，也会仰仗诸如生物遗传学的自然科学所给予的佐证。从私人经验出发，文化身份也许只是指代具体的某个故乡与专属个人的成长经历，并催生了相应的生活方式与精神价值。作为建筑师，空间的营造和环境的设计从物质上影响日常生活的方方面面，而必然也是文化身份的塑造者[383]。而城市文化认同，是城市人对于聚居城市独特的价值取向（思维模式）、生活方式（行为模式）、城市意象（空间模式）的一种集体认同与其内化过程；个体或者群体在这一语境中不仅能够获得同一性的身份感，还获得了维系与创新自身文化的重要源泉。

地方身份是持续进化过程的产物。它不是一个静态的形象，而是一段时间具体发展的结果。这是因为这种关系的结果建立在人与环境之间。通过在一个地区的文化遗产上留下标记，使得每个区域的情况独特和不同。如果不能冒着抽象和提炼结晶的风险，把事物的外在性与其时间—空间背景联系起来，地点的独特性、地域身份和历史的分层就不能体现出来。地区身份只能通过形成它的历史来显示和传达，它需要连续的保护和解释性调解[384]。

与这一说法相一致，地方身份对于其公共意义也具有重要意义，反过来影响和刺激公民参与。在这方面，绍斯沃斯（Southworth）和鲁杰里（Ruggeri）[385]观察得出：地方的意义也可能来自历史或政治事件。但是具有强烈公共性身份的地方不需要强烈的视觉认同……然而，强烈的视觉形式对身份而言虽然并不是必不可少的，但是它可以提供附加意义的框架。当视觉形式、个人和社会意义汇聚在一起时，地方身份具有最大的力量。根据凯文·林奇[386]的观点，地方感本身会增强在那里发生的每一项人类活动，并鼓励存放记忆的痕迹。

卡斯特[382]提出城市运动基于三个因素，并以不同的方式结合起来：对生活条件和集体消费的城市需求，对当地文化身份的认同，以及征服地方政治自治权和公民参与。不同的城市运动将这三组目标以不同的比例结合在一起，其结果也是多样化的。然而在很多情况下，运动对于整个社会而言产生的成就都是明晰的。并且不仅在运动的持续期间（通常是短暂的），还在当地的集体记忆之中。事实上，这种意义的产生是城市的一个重要组成部分，纵观历史，城市建成环境及其意义是通过社会角色的利益和价值观之间的冲突过程而构建的。

文化场景常常伴随着场所营造，而地方身份往往与空间的定义联系在一起。身份认同与社会锚固，常常出现在水岸公共空间的塑造中[387]。城市滨水区重建涉及为一个经历衰退并正在发生转变的地方重新建立新的意义和特征。然而，随着城市物质环境的变化而获得新的意义可能会很困难。20 世纪 60 年代末和 70 年代初发起的项目，如旧金山的哥拉德利广场（Ghirardelli Square）和罐头工厂（Cannery）以及波士顿的法纽尔大厅与昆西市场的历史遗产保护项目，都有助于为历史保护设定新标准，并为水岸带来新活动。但是当这种模式在全国范围内复制时，它们就失去了特别的吸引力。渔人码头、海滨着陆以及音乐节市场现在都是普遍的专业商业开发项目，它们基于与过去的肤浅联系———一种人造的历史主义（Ersatz Historicism）。最终，这些地方对游客要比对居民更有吸引力。

在整个城市发展历史中，不同类型建筑项目的受欢迎程度和吸引力都发生了变化，尤其是那些赋予社区地位或涉及大量参与某种娱乐活动的人的项目。例如，在20 世纪之交，木板路、码头或游乐园被认为是任何一个值得自豪的海滨度假胜地的基本特征。今天的区别在于所实施的水岸开发项目的规模和范围要大得多，并且从一个地方到另一个地方都存在预先包装的同一性。随着全球经济下新市场的出现，在相同的环境下提供相同类型的产品将变得更加容易，结果就是导致悉尼海滨地区的重建呈现的形象可能与巴尔的摩的内港并没有什么区别。强调规模经济（通过行业整合和产品标准化实现）的商业战略正在加强这一趋势，并在项目开发中发挥越来越大的作用。

而另一方面，其他一些水岸通过建立特殊的身份和特征，已经成为令人难忘的场所。然而，在这种情况下，可能会出现一个不同的问题：随着项目最初的成功，许多其他项目由于希望能够通过联合加入而获得成功，从而被吸引到同一个地方，直到这个场所最初的个性特征（也是最开始引人入胜的因素）变得模糊了。在看似成功的商业开发中，这似乎是一个普遍现象，标准化导致区域的文化身份的丧失。此外，这些开发不是通过沿着海滨长度延伸来获得成功，而是挤在同一个区域，这最终限制了他们自身的吸引力[199]。

7.2　水岸再生的观念维度

7.2.1　水岸再生的历史观

空间是具有历史的，包括其物质空间的历史和社会空间的历史。如果空间是生产的，那么必然有其生产过程，对生产过程的考察也就具有了历史维度，从一种生产方式到另一种生产方式的过渡也具有至高无上的理论意义。城市更新需要站在历史的角度上，对历史的沉淀进行一层一层的剖析。历史能够解释城市空间形态"是什么"和"怎么做到的"。各个阶段的城市空间形成与城市社会经济、政治、文化之间的关系需要得到更加深入的研究，这被组织在城市发展历史的角度中。对水岸的理解应该跨越地理空间的广度和历史文化空间的厚度。

那么为什么会有当今的城市空间现象？以及当今的水岸有这样的物质和遗产的根源是什么？当我们研究当下的转变的时候，一个很重要的研究工作是回顾历史，向历史寻求答案，这些需要我们从一个长期的历史的角度进行切入。

意大利建筑师阿尔多·罗西对城市研究的历史方法进行了理论分析，可以从两个不同的角度来分析：首先，这座城市被视为一种物质的人造物，一种随着时间的推移而建造的人工物体，并保留了时间的痕迹，即使是以不连续的方式。从这个角度进行的研究——考古学、建筑历史和个别城市的历史——城市产生了非常重要的信息和文献资料。城市成为历史的文本：事实上，研究城市现象而不使用城市历史是不可想象的，也许这是唯一可用于理解历史方面主导的特定城市人造物的实用方法。第二种观点认为历史是对城市人造物的实际形成和结构的研究。它与第一部分相辅相成，不仅直接关系到城市的真实结构，并且直接关系到城市是一系列价值的综合体。因此，它涉及集体的想象力。显然，第一种和第二种方法是密切相关的，以至于他们发现的事实有时可能彼此混淆[265]。

　　"城市本身就是市民们的集体记忆，而且城市和记忆一样，与物体和场所相联。城市是集体记忆的场所，这种场所和市民之间的关系于是成为城市中建筑和景观的主导形象，而当某些建筑体成为其记忆的一部分时，新的建筑体就会出现。"[265]一条河流就是一座城市的记忆。因而，如何对待城市的历史和集体记忆，成为水岸开发中需要直面的首要问题。

　　历史的领域是令人难忘的，事件的总体后果将持续可见。因此，不可分割的是，历史是持续的知识并且可以帮助理解（至少在部分上），未来将会是什么。根据古希腊历史学家修昔底德（Thucydides）的说法，历史是一种"永久拥有的财产"。通过这种方式，历史是衡量真正新奇的标准。而城市奇观所带来的优势，即是通过历史的结束，将近来的历史隐藏起来，以及使每个人都忘记了社会的历史精神，这首先是掩盖踪迹的能力——掩盖其近期征服世界的进展。它的力量人们已经很熟悉了，就好像它一直在那里一样。所有历史的篡位者都有这样的目标：让我们忘记他们刚刚到达[10]。

　　城市本身的发展具有历史性及阶段性，作为城市中特殊区域的水岸也有自己的发展脉络。甚至城市规划学科本身也具有历史性特征，随着时间的发展，学科的方法与工具在各个时间阶段都具有明显的分别。上海城市的发展历史是世界城市发展历史中的一环，而世界范围内的城市发展阶段有先后差别。如果要寻求历史的对照以获取城市未来发展的经验，那么不可避免地要参考处于相同发展时期的其他世界城市的经验，因此对世界城市更新和水岸发展历史的理解与认识变得必不可少。

7.2.2　水岸再生的空间观

　　整个 20 世纪对于空间概念的理解发生了重大的转变。

　　20 世纪的城市规划基于科学的规划基础，试图通过平面设计以及空间发展创造出与城市功能之间的直接联系。20 世纪的功能主义或者现代主义，与社会主义运动强烈联系，试图创造出一个基于理性并强制规划的社会。最初的港口振兴的规划依然还是基于功能主义的传统，那些，由于港口活动功能的丧失，支撑着港口活动的基础设施被拆除了。这与全球城市更新的步伐是一致的。因此，在 20 世纪 60—70 年代，港池被填充了，码头及仓库被拆毁了，一个全新的空间形式及结构被建立起来，现代主义的城市规划开始对 19 世纪的这一大规模城市遗产进行解构。

　　随着社会主义民主的强势姿态的消失以及对于经济、社会规划的广泛认同，从20世纪70年代开始，尤其是在80、90年代，功能主义的城市规划也开始瓦解。在这个阶段，港口地区的振兴吸引了更多人的关注。它不仅仅关注如何使得港口地区的空间形式和城市结构适应新的城市功能，在功能主义规划、物质形态设计以及文化意义层面有一些东西也已经悄悄改变了。

　　功能主义规划在20世纪70—80年代的规划理论与实践中也逐渐丧失了它的地位，那么拿什么来取代功能主义规划的地位，成为城市规划与设计的新原则？在对城市规划基本原理的重新定位讨论中，南欧和盎格鲁—撒克逊国家所开发的一些新概念方法取得了重要的地位，例如：都市计划（Urban Plan）和城市设计（Urban Design）——使得他们强调的重点远离功能主义的概念。

　　尽管几种不同的新概念之间存在重要的区别，但共同特征将它们联系在一起，那就是它们共同寻求的城市规划的基础，这种基础不仅仅是衍生品并且也不依赖某种特定功能。他们所持的共同立场是，城市规划的形态和结构可以赋予其自身文化意义，从本质上讲，即便城市功能改变，这种文化属性也无需改变。城市设计可能被视为一个集合名词，指的是试图为城市空间结构的设计定义新的基础的尝试。如此一来，城市空间的主要功能就不再是争论的焦点。

　　城市的空间形态和结构的发展可以看作是一个相对自主的发展，具有自己的步伐和动力。在各种显而易见的连贯过程的随意性和复杂性中，这种对城市形式自治的兴趣得到了其他学科同时兴起的兴趣的支持。其中一个特别强大的影响是法国年鉴学派[①]（École des Annales）对历史科学的新贡献，费尔南多·布劳岱尔（Fernand Braudel）是最重要的导师[②]。他的杰出著作《15至18世纪的文明和资本主义》（*Civilization and Capitalism*，*15th-18th Century*）对历史的"不同层面"作出了界定，每个层面都具有各自的动态变化、时间维度，并在某个特定地区的日常文化生活中扮演角色[388]。一个文明的日常仪式（日常习惯、饮食习惯、家庭文化）的历史，其改变的速度远远低于制造技术的历史或政治和军事关系的历史。

　　研究进一步发现，尽管一代代的管理者、规划师和使用者一次又一次地想改变

---

① 年鉴学派（法语：École des Annales）是一个史学流派，得名自法国学术刊物《经济社会史年鉴》（Annales d'histoire économique et sociale），这份刊物在1946年改名《经济、社会与文化年鉴》（Annales. Economies, sociétés, civilisations），1994年又改为《历史与社会科学年鉴》（Annales. Histoire, Sciences Sociales）。年鉴学派以采取社会科学的历史观著称。
② 法国年鉴学派第二代著名的史学家。

城市，但城市固有的形态和结构会一直存在，这也支持了城市形态的理论，那就是，城市具有自身的长期历史。这一发现代表了一个重要的合法性，即城市形态的设计是一门自治的学科，需要一种特定的专业知识，这可以导致洞察影响城市形态发展的力量。不同于功能主义城市规划对经济和社会目标的大量关注（可被视为某种"时间加速"的措施并作用于相对短暂的历史阶段），城市设计侧重于城市形态的生产性要素[25]。而这种生产性要素在本书的语境中就是，空间的权力、空间的资本、空间的社会性等，它们一起作用使得城市呈现出现有的物质形态特征。

城市设计，西方普遍称为区划（Zoning），作为规划师们寻找的与城市文脉联系的工具，更加侧重于小规模渐进式的规划和调整，这似乎在新时期城市更新的背景下变得更加有效。设计城市作为空间与文化重构的一种手段，空间设计与文化的重要性被紧密联系起来的同时，空间设计也越来越多地与情感结合。

戈登·卡伦（Gordon Cullen）在 1961 年阐述到自己理论的目的不在于刻板地描述城镇的环境和形状，而是在允许的范围内进行操作。这意味着我们已经无法从科学严谨的规划中获取帮助，而是应该转向其他的价值和标准[389]。如果环境可以产生情感，那么视野也可以唤起我们的记忆，这可以通过三个方式发生：光学、场所和内容。

凯文·林奇和戈登·卡伦解释城市的新方法在几十年间得到了实践。罗伯特·文丘里（Robert Venturi）[390, 391]、奥格（Augé）[392] 以及库哈斯（Koolhaas）[393] 对城市问题的研究都以凯文·林奇和戈登·卡伦的方法为基础。然而，当代城市的变化十分迅速。两位学者指出的城市意象与城市风貌已经不再适于作为城市景观的一个典型的指标了（例如，陆家嘴在十年间翻天覆地的变化使得人们无法从中窥探传统城市的特征）。即时性和碎片化是当今城市的特征，这造成了破译城市元素以及每种元素在何种程度上促成了城市景观的困难性[387]。

场所与空间，是经过长时间的生活经验与行为互动自然成形，或因实质的需求而规划出来的结果，当一个空间或场所的形成是由于居民长期日常生活的自发性行为而营造出来时，场所的自明性与文化特质就会显现，这就是一种场所精神。如果想要保存城市生活的可持续印记的话，首先应保证文化的可持续，空间之于文化是不可分割的介体。当城市的文化发生了变化，物质空间无法满足文化和精神的需求的时候，就要创造出一种新的保存文化记忆的容器。同时，如果想要避免当地环境的连续单调、平淡无味、无空间感等问题，那么规划就要考虑到当地地域文化中的经验与意义。

7.2.3　水岸再生的文化观

城市作为最重要的人类聚居地，不仅是人类经济活动和社会交往的中心，同时也是城市所容纳的社会群体的文化汇集、交融和传承的中心[394]。城市的本质就是其文化功能的体现："储存文化、流传文化和创造文化，是城市的三个基本使命"[395]。美国著名城市理论家刘易斯·芒福德认为，城市的本质就是其文化功能的体现。"城市是文化的容器，专门用来存储并流传人类文明的成果。储存文化、流传文化和创造文化，大约就是城市的三个基本使命"[396]。

随着社会进入后工业时代，创意文化产业与工业遗产的结合恰恰满足了新兴阶级所需要的形式感和对生活的审美需求[397]。正如布迪厄指出的那样，"文化和艺术的消费倾向于自觉地、有意或者无意地实现了使得社会差异合法化的社会功能"[398]。沙朗·佐金在其早期的著作中也指出，隐含在以文化为中心的城市更新策略中的审美判断，是社会控制的有力手段的一部分，而不是包容性文化生产与创新的秘诀[399, 400]。

在一些更新案例中，城市空间再开发保持了跟当地历史和遗产的紧密联系，然而在某些案例中，似乎与当地的场所感相脱离。通过对于全球流行文化元素的随意嫁接，造成了一种"迪士尼"式的城市景观：将世界其他地方的场所复制到当地供人们进行消费。尽管这种模式被认为其背后具有永久而持续不断的商业潜力[401]，然而它对当地的文化是具有破坏性的。同时也存在对于以一种简单刻板的品牌塑造的手法，而有意识地对文化和传统进行操纵的批评[381]。许多文化引导的更新项目，"像诗歌一般开始，却以房地产开发的真相而结束"[402]。

文化和商业明显交织在全球消费语境中的后现代主义世界里。同其他事物一样，文化已经变成了一个被包装和销售的商品。许多城市更新的案例因此有了一个经济和商业的强烈动机，尽管他们表面存在明显的"文化"关注点。伊万斯认为这不再是西方世界的流行（普遍）问题；事实上，它的对立面可能更加真实：将商业与文化进行并置，甚至取代公共文化领域，代之以文化场所、文化设施和文化纪念碑这种情况，越来越多地在经历现代化进程的新世界城市中出现[403]。因此，像香港、新加坡、吉隆坡以及其他的城市，均以国际旅馆、购物商场、娱乐综合体以及类似的形式竞相建造"纪念性的建筑"。这引发了关于同质化问题、连续单调和无场所感的讨论[404]。有些城市似乎在建构类似的"全球"景观，这可以说是可以被随意安置在任何地方的。它们与当地的遗产几乎很少有关联。

正如伍江教授曾指出的，城市的物质空间只是基础，文化与魅力才是归依。一个城市的文化背景，主要来源于其历史文化，然后来自于当今的文化创造。然而，大多数情况下，文化政策的使命却落入举办国际性的标志性活动，建设旗舰建筑，从生产的角度发展文化产业部门，以城市品牌的战略手段来提高形象和知名度等[405]。同样，按照萨森的说法，文化重建不仅仅指的是附加给城市空间的一些物象，例如城市政府、艺术设施、居民等，而是从城市本身中去溯源。

现代人类所寄居的城市空间是人类文明的物质载体，它承载着文化、历史以及一切推动人类进步的要素。任何一座城市的独特之处，都在于它的空间有着特定的排列组合、形态和功能，并且这些空间与个体和集体的经验构成交集。空间与文化的巧合、交织和重构，为人们展现出一幅幅城市更新的精彩画面。关注空间中的文化问题，可以很好地理解和引导未来城市的发展与转变。

7.3　从水岸再生走向城市更新

作为令人憧憬的场所，水岸城市是自然生态系统和人工生态系统两种极其复杂的生态系统的交汇点。尽管许多水岸都有相似之处，但是每个区域都具有截然不同的历史。历经繁荣与衰败的循环交替，水岸已成为承载居民对美好生活向往的灵魂所在。

成功长远规划的核心思想是以全球化的连接为目的并提升区域价值，水岸不仅一直在全球货物流通方面是至关重要的，而且还传递和展现了思想观念、社会变革和文化现象的全球性流动，包括建筑和城市形态。其中，作为多方位网络的节点，港口对彼此间以及它们所属的城市和地区都有深远的影响。航运和贸易网络在相互联系的港口城市的街道模式、土地使用和建筑等方面都创造了价值。多重力量在发挥着作用：技术要求、精英阶层的偏好和工人阶级的需求、城市政策和全球化。

作为城市更新的一部分，水岸再生在城市空间结构性和策略性方面发挥着作用。

在结构性层面，水岸空间再生与城市空间的关系分为中心与边缘、连接与扩展、标志与填充三种类型；在策略性层面，水岸再生体现了城市的政治、经济、社会、生态、文化与价值[90]。水岸应该展示独特的场所意识及身份认同。通过多模式的链接，将市中心和周围社区与水岸联系起来始终是塑造成功水岸城市的关键。强有力的政府领导、资金支持、公私合作模式、专门的设计团队与管理机构、社区参与，这些都是促进水岸地区再生的必要手段。

水岸再生可以作为更广泛的城市振兴策略的保证、作为区域物质空间设计的控制性手段、作为各方利益平衡的条件、作为公民公共权益的保障以及城市文化身份的表达。与滨水区经济发展同等重要的是打破水域和人工建成环境的界限，充分利用并保护自然资源，对于水岸的宜人体验而言至关重要。要确保水岸环境舒适宜人，保障公民的公共权益，提高人们的公共体验，应在水岸区开展一系列适宜的文化、商业、休闲、居住和娱乐活动。

通过水岸再生来刺激城市更新需要一个可以灵活实施的长期规划。滨水区阶段性战略建设能够防止对重要自然生态系统的侵蚀，或使侵蚀最小化，还能提升水资源质量，创造公共区域并减少噪声污染和视觉污染等。通过持续性工程建设和海平面上涨控制规划，可保护当地免受洪水和沉降的危害，免受气候变化带来的暴雨和洪涝灾害，这些都是需要纳入水岸总体规划的内容，并应鼓励使用生物工程方法解决常年的市政基础设施问题。将水岸定位成大城市的经济、环境及社会转型的催化剂，使城市变身成为可持续的有机体——其中像水资源这样的自然资源将会为整个生态系统作出贡献（参见新加坡的例子）。

当然，我们生活在边缘，这不仅仅是自然环境和人造环境的物理边缘，也是时代的边缘。对荒废的水岸区域进行再生需要全世界的共同努力。各个部门和城市与建筑设计师也需要在恢复城市活力方面扮演重要角色，这不仅仅指致力于建造近期流行的标志性的水岸建筑。获奖作品和装饰性美化建设诚然对于城市形象有所帮助，但是无法对宜居环境的可持续发展作出贡献。水岸规划的未来只有通过开发商、政府、利益相关者、城市与建筑设计师和大众一致努力才能实现。其中，城市设计师、城市研究者与建筑师一同起到了规范与引导的作用。

最后回到老生常谈的问题，为什么生活在水的边缘对于人类而言具有如此大的吸引力？为什么水岸再生在全世界都是共同关注的话题？这是因为每一个水岸都创造了一个独特的环境并向个体传达了一系列独特的价值。没有水岸，无论是标志性建筑还是无与伦比的尖端设计都无法实现。同时，水岸代表着一个城市的文化，随着时间的变迁，水岸能够最为生动地将城市文化历史一层一层地展示出来。

经历了从全球城市—中国城市—全球城市的转变，上海的城市身份推敲是一个值得关注的有意思的现象。上海正在从中国沿海的大型城市跻身于全球政治、经济、文化竞争的行列，在这样的语境下，如何积极地寻求城市自身的特色，建构城市的文化影响力，对上海新时期的城市更新提出了挑战。我们生活在新自由主义的城市中，全球和本地的文化流动重新塑造着当代上海的边界和身份，这其中也不乏全球与地域的对抗[64]。立足上海独特的城市文化，在建设与规划过程中要结合本土的价值观念，而不是强行引入程式化的、在理论上单纯的"解决方案"。

参考文献

［1］鲍曼. 全球化：人类的后果［M］. 北京：商务印书馆，2013.

［2］赫尔德，麦克格鲁. 全球化与反全球化［M］. 陈志刚，译. 北京：社会科学文献出版社，
2004.

［3］贝克. 什么是全球化？全球主义的曲解：应对全球化［M］. 上海：华东师范大学出版社，
2008.

［4］ROBERTSON R. Glocalization: Time-Space and Homogeneity-Heterogeneity[M]//FEATHERSTONE
M, LASH S, ROBERTSON R. Global Modernities. London: Sage Publications, 1995: 25-44.

［5］ROBERTSON P R. Globalization: Social Theory and Global Culture[M]. London: Sage
Publications, 1992.

［6］HOLTON R J. Making Globalization[M]. London: Macmillan Education UK, 2005.

［7］ROUDOMETOF V. Glocalization: A Critical Introduction[M]. London: Taylor & Francis, 2016.

［8］沈克宁. 批判的地域主义［J］. 建筑师，2004（5）：45-55.

［9］FRAMPTON K. Towards a Critical Regionalism: Six Points for an Architecture of Resistance
[M]//FOSTER H. The Anti-Aesthetic. Essays on Postmodern Culture. Seattle: Bay Press, 1983.

［10］DEBORD G. Comments on the Society of the Spectacle[M]. London: Verso, 1990.

［11］SMITH A. Events and Urban Regeneration: The Strategic Use of Events to Revitalise Cities[M].
New York: Routledge, 2012.

［12］丁凡，伍江. 水岸再生：后工业城市更新的一个全球化的现象［J］. 城市建筑，2020，
17（16）：11-16.

［13］丁凡，伍江. 全球化浪潮中的上海浦东陆家嘴城市空间更新［J］. 住宅科技，2021，41
（10）：1-7.

［14］丁凡，伍江. 全球化背景下后工业城市水岸复兴机制研究：以上海黄浦江西岸为例［J］.

现代城市研究，2018（1）：25-34.

［15］HARTOG H. Shanghai's Regenerated Industrial Waterfronts: Urban Lab for Sustainability Transitions[J]. Urban Planning, 2021, 6:181-196.

［16］丁凡，伍江. 世界范围内水岸再生的发展脉络及特征综述研究［J］. 住宅科技，2021，41（4）：1-8.

［17］丁凡，屈张. 以历史文化遗产保护为特征的城市更新探析：以新加坡河的再生为例［J］. 建筑与文化，2021（1）：181-182.

［18］丁凡，伍江. 以大型文化事件引导的后工业城市更新：以巴塞罗那水岸再生为例［J］. 现代城市研究，2020（11）：83-91.

［19］丁凡，伍江. 全球化背景下都市水岸再生的复杂性与矛盾性［J］. 住宅科技，2020，40（6）：24-29.

［20］BREEN A, RIGBY D. The New Waterfront: A Worldwide Urban Success Story[M]. London: Thames and Hudson, 1996.

［21］BREEN A, RIGBY D. Waterfronts: Cities Reclaim Their Edge[M]. New York: McGraw-Hill, 1993.

［22］FALK N. Turining the Tide: British Experience in Regeneration Urban Docklands[M]. London: Urbed, 2003.

［23］FALK N. On the Waterfront[J]. Planner, 1989, 75(24):11.

［24］FALK N. Turining the Tide: British Experience in Regeneration Urban Docklands[M]. London: Belhaven Press in Association with the British Association for the Advancement of Science, 1992.

［25］MEYER H. City and Port: Urban Planning as a Cultural Venture in London, Barcelona, New York, and Rotterdam: Changing Relations Between Public Urban Space and Large-Scale Infrastructure[M]. Utrecht:International Books, 1999.

［26］BRUTTOMESSO R. Waterfronts: A New Frontier for Cities on Water[M]. Venice:International Centre Cities on Water, 1993.

［27］DESFOR G. Transforming Urban Waterfronts: Fixity and Flow[M]. London: Taylor & Francis, 2010.

［28］HEIN C. Port Cities: Dynamic Landscapes and Global Networks[M]. Abingdon: Routledge,

2011.

［29］MARSHALL R. Waterfronts in Post-Industrial Cities[M]. London: Spon Press, 2001.

［30］SMITH H, FERRARI M S G. Waterfront Regeneration: Experiences in City-Building[M]. Abingdon: Earthscan, 2012.

［31］BRUTTOMESSO R. Cities on Water and Transport[M]. Venice: International Centre Cities on Water, 1995.

［32］HOYLE B S. Cityports, Coastal Zones, and Regional Change: International Perspectives on Planning and Management[M]. Chichester: Wiley, 1996.

［33］BIRD J H. The Major Seaports of the United Kingdom[M]. London: Hutchinson, 1963.

［34］BIRD J H. Seaports and Seaport Terminals[M]. London: Hutchinson, 1971.

［35］MAYER H M. Some Geographic Aspects of Technological Change in Maritime Transportation [J]. Economic Geography, 1973, 49(2):145-155.

［36］HOYLE B S, PINDER D A. Cityport Industrialization and Regional Development: Spatial Analysis and Planning Strategies[M]. Oxford: Pergamon Press, 1981.

［37］HOYLE B S, HILLING D. Seaport Systems and Spatial Change: Technology, Industry, and Development Strategies[M]. Chichester: Wiley, 1984.

［38］HOYLE B S, PINDER D, HUSAIN M S. Revitalising the Waterfront: International Dimensions of Dockland Redevelopment[M]. London: Belhaven Press, 1988.

［39］DOVEY K. Fluid City: Transforming Melbourne's Urban Waterfront[M]. Sydney: University of New South Wales Press, 2005.

［40］MALONE P. City, Capital, and Water[M]. London: Routledge, 1996.

［41］ORUETA F D, FAINSTEIN S S. The New Mega-Projects: Genesis and Impacts[J]. International Journal of Urban and Regional Research, 2008, 32(4):759-767.

［42］SCHUBERT D. Seaport Cities-Phases of Spatial Restructuring and Types and Dimensions of Redevelopment[M]//HEIN C. Port Cities: Dynamic Landscapes and Global Networks. Abingdon: Routledge, 2011.

［43］SHAW B. History at the Water's Edge[M]//MARSHALL R. Waterfronts in Post-Industrial Cities. London: Spon Press, 2001.

［44］WRENN D M. Urban Waterfront Development[M]. Washington, D.C.:Urban Land Institute,

1983.

［45］HOYLE B S, PINDER D A. Cities and the Sea: Change and Development in Contemporary Europe[M]//HOYLE B S, PINDER D. European Port Cities in Transition. London: Belhaven Press, 1992.

［46］TORRE L A. Waterfront Development[M]. New York: Van Nostrand Reinhold, 1989.

［47］BURAYIDI M A. Downtowns: Revitalizing the Centers of Small Urban Communities[M]. New York: Routledge, 2001.

［48］Urban Land Institute. Remaking the Urban Waterfront[M]. Washington, D.C.: Urban Land Institute, 2004.

［49］WHITE K N. Urban Waterside Regeneration: Problems and Prospects[M]. New York: E. Horwood, 1993.

［50］CRAIG-SMITH S J, FAGENCE M. Recreation and Tourism as a Catalyst for Urban Waterfront Redevelopment: An International Survey[M]. London: Praeger, 1995.

［51］GASTIL R. Beyond the Edge: New York's New Waterfront[M]. Princeton: Princeton Architectural Press, 2002.

［52］CARMONA M. Globalization and City Ports: The Response of City Ports in the Northern Hemisphere[M]. Delft: DUP Science, 2003.

［53］CARMONA M. Globalization and City Ports: The Response of City Ports in the Southern Hemisphere[M]. Delft: DUP Science, 2003.

［54］FISHER B, BENSON B. Remaking the Urban Waterfront[M]. Washington, D.C.: Urban Land Institute, 2004.

［55］KOKOT W. Port Cities as Areas of Transition: Ethnographic Perspectives[M]. Bielefeld: Transcript, 2008.

［56］GRAF A, HUAT C B. Port Cities in Asia and Europe[M]. London: Taylor & Francis, 2008.

［57］RYAN Z. Building with Water: Concepts, Typology, Design[M]. Basel: Birkhäuser, 2010.

［58］HERSH B. The Complexity of Urban Waterfront Redevelopment[M]. New York: NAIOP, 2012.

［59］MAH A. Port Cities and Global Legacies: Urban Identity, Waterfront Work, and Radicalism[M]. London: Palgrave Macmillan, 2014.

［60］CARTA M, RONSIVALLE D. The Fluid City Paradigm Waterfront Regeneration as an Urban

Renewal Strategy[M]. Berlin & Heidelberg: Springer, 2016.

［61］PORFYRIOU H, SEPE M. Waterfronts Revisited: European Ports in a Historic and Global Perspective[M]. New York: Routledge, 2017.

［62］BABALIS D. Waterfront Urban Space: Designing for Blue-Green Places[M]. Florence: Altralinea, 2017.

［63］HARVEY D. The Condition of Postmodernity: An Enquiry into the Origins of Cultural Change[M]. Cambridge: Blackwell, 1990.

［64］CASTELLS M. The Rise of the Network Society[M]. 2nd ed. Oxford: Blackwell Publishers, 1996.

［65］SOJA E W. Postmetropolis: Critical Studies of Cities and Regions[M]. Malden: MA Blackwell Publishers, 2000.

［66］BROWNILL S. Just Add Water: Water Regenration as a Global Phenomenon[M]//LEARY M E, MCCARTHY J. The Routledge Companion to Urban Regeneration. Abingdon: Taylor & Francis, 2013.

［67］JONES A L. On the Water's Edge: Developing Cultural Regeneration Paradigms for Urban Waterfronts[M]//SMITH M K. Tourism, Culture and Regeneration. Wallingford: CABI, 2007.

［68］HOYLE B. Development Dynamics at the Port-City Interface[M]//Revitalising the Waterfront: International Dimensions of Dockland Redevelopment. London: Belhaven Press, 1988.

［69］GIL I. Shanghai Transforming: The Changing Physical, Economic, Social and Environmental Conditions of a Global Metropolis[M]. Barcelona: Actar, 2008.

［70］ROWE P G, KUAN S. Shanghai: Architecture & Urbanism for Modern China[M]. Munich: Prestel, 2004.

［71］ROWE P G. Emergent Architectural Territories in East Asian Cities[M]. Basel: De Gruyter, 2011.

［72］SCHUBERT D. Transformation Processes on Waterfront in Seaport Cities: Causes and Trends between Divergence and Convergence[M]//KOKOT W. Port Cities as Areas of Transition: Ethnographic Perspectives. Bielefeld: Transcript, 2008.

［73］COSTA J. The New Waterfront: Segregated Space or Urban Integration? Levels of Urban Integration and Factors of Integration in some Operations of Renewal of Harbour Areas[J]. On the Waterfront, 2002, 3(1):27-64.

［74］MARSHALL R. Remaking the Image of the City Bilbao and Shanghai[M]//MARSHALL R. Waterfronts in Post-Industrial Cities. London: Spon Press, 2001.

［75］MARSHALL R. The Focal Point of China-Lujiazui, Shanghai[M]//MARSHALL R. Emerging Urbanity: Global Urban Projects in the Asia Pacific Rim. London: Spon Press, 2003.

［76］SCHUBERT D. Ever-Changing Waterfronts: Urban Development and Transformation Process in Ports and Waterfront Zones in Singapore, Hong Kong and Shanghai[M]//GRAF A, HUAT C B. Port Cities in Asia and Europe. Abingdon: Taylor & Francis, 2008.

［77］HUANG F X. Planning the Waterfront Development in Shanghai[M]//RINIO B. Waterfronts: A New Frontier for Cities on Water. International Centre Cities on Water, 1993: 58-67.

［78］YU C. Regenerating Urban Waterfronts in China: The Rebirth of the Shanghai Bund[M]//PORFYRIOU H. SEPE M. Waterfronts Revisited: European Ports in a Historic and Global Perspective. New York: Routledge, 2017.

［79］CHEN Y. Shanghai, a Port-City in Search of New Identity: Transformation in the Bund Between City and Port[M]//CARMONA M. Globalization and City Ports: The Response of City Ports in the Southern Hemisphere. Delft: DUP Science, 2003.

［80］CHEN Y. Shanghai Pudong: Urban Development in an Era of Global-Local Interaction[M]. Amsterdam: IOS Press, 2007.

［81］OLDS K. Globalization and Urban Change: Capital, Culture, and Pacific Rim Mega-Projects[M]. Oxford: Oxford University Press, 2001.

［82］LANG J T. Urban Design: A Typology of Procedures and Products[M]. Oxford: Elsevier/Architectural Press, 2005.

［83］要威. 城市滨水区复兴的策略研究［D］. 上海: 同济大学, 2005.

［84］郭卫东. 城市港口区再开发［D］. 上海: 同济大学, 2006.

［85］张松. 城市滨水港区复兴的设计策略探讨: 以上海浦江两岸开发为例［J］. 城市建筑, 2010（2）: 30-32.

［86］张松. 上海黄浦江两岸再开发地区的工业遗产保护与再生［J］. 城市规划学刊, 2015,（2）: 102-109.

［87］陆邵明. 上海现代化变迁中的城市文化密码探寻［J］. 江苏行政学院学报, 2012（2）: 53-58.

［88］刘滨谊. 城市滨水区景观规划设计［M］. 南京：东南大学出版社，2006.

［89］丁凡，伍江. 水城共生：城市更新背景下上海黄浦江两岸文化空间的变迁［M］. 上海：
同济大学出版社，2022.

［90］丁凡，伍江. 城市更新背景下的水岸再生及其意义辨析［J］. 探索与争鸣，2020（7）：
98-106，159.

［91］丁凡，伍江. 城市更新语境下都市水岸再生中历史文化遗产保存的特征与冲突［J］. 城
市发展研究，2021，28（5）：35-42.

［92］丁凡，伍江. 上海黄浦江水岸发展的近现代历程及特征分析［J］. 住宅科技，2020，40
（1）：1-9.

［93］丁凡，刘鹏. 基于"区域公园"策略的工业遗产再生研究——以德国鲁尔区埃姆歇公园
为例［J］. 建筑与文化，2020（12）：102-103.

［94］王建国，吕志鹏. 世界城市滨水区开发建设的历史进程及其经验［J］. 城市规划，2001
（7）：41-46.

［95］张庭伟，冯晖，彭治权. 城市滨水区设计与开发［M］. 上海：同济大学出版社，2002.

［96］王诺. 世界老港城市化改造发展研究［M］. 北京：人民交通出版社，2004.

［97］王绪远. 陆家嘴：城市前沿空间［M］. 上海：上海文化出版社，2003.

［98］刘伟毅. 水城共融：城市滨水缓冲区划定及其空间调控策略研究［M］. 武汉：华中科
技大学出版社，2019.

［99］王劲韬. 城市与水：滨水城市空间规划设计［M］. 南京：江苏凤凰科学技术出版社，
2017.

［100］王世福，邓昭华. "城水耦合"与规划设计方法［M］. 广州：华南理工大学出版社，
2021.

［101］上海市黄浦江两岸开发工作领导小组办公室. 重塑浦江：世界级滨水区开发规划实践
［M］. 北京：中国建筑工业出版社，2010.

［102］上海市规划和自然资源局. 一江一河：上海城市滨水空间与建筑［M］. 上海：上海文
化出版社，2021.

［103］上海市住房和城乡建设管理委员会. 把最好的资源留给人民：一江一河卷［M］. 北京：
中国建筑工业出版社，2022.

［104］吴建平. 浦东人家：1997—2006十年变迁图志［M］. 上海：上海人民美术出版社，

2016.

［105］沈忠海. 上海东西：浦江两岸城市空间［M］. 上海：上海三联书店，2006.

［106］BRUTTOMESSO R. Complexity on the Urban Waterfront[M]//MARSHALL R. Waterfronts in Post-Industrial Cities. London: Spon Press, 2001.

［107］LANDRY C. The Art of City-Making[M]. London: Earthscan, 2006.

［108］特兰西克. 寻找失落的空间：城市设计的理论［M］. 朱子瑜，等，译. 北京：中国建筑工业出版社，2008.

［109］TIESDELL S. Revitalizing Historic Urban Quarters[M]. London: Routledge, 1996.

［110］BERENS C. Redeveloping Industrial Sites: A Guide for Architects, Planners and Developers [M]. Hoboken: John Wiley & Sons, 2011.

［111］CARTER D K. Remaking Post-Industrial Cities: Lessons from North America and Europe[M]. New York: Taylor & Francis, 2016.

［112］KOTVAL Z, MULLIN J R. Waterfront Planning as a Strategic Incentive to Downtown Enhancement and Livability[M]//BURAYIDI M A. Downtowns: Revitalizing the Centers of Small Urban Communities. New York: Routledge, 2001.

［113］MULLIN J R, SIMMONS J R. Brownfield Restoration and Waterfront Redevelopment in Wisconsin's Fox Valley Cities[M]//BURAYIDI M A. Downtowns: Revitalizing the Centers of Small Urban Communities. New York: Routledge, 2001.

［114］ROBERTSON K. Downtown Development Principles for Small Cities[M]//BURAYIDI M A. Downtowns: Revitalizing the Centers of Small Urban Communities. New York: Routledge, 2001.

［115］BIANCHINI F, PARKINSON M. Cultural Policy and Urban Regeneration: The West European Experience[M]. Manchester: Manchester University Press, 1993.

［116］PADDISON R, MILES S. Culture-Led Urban Regeneration[M]. London: Routledge, 2009.

［117］SMITH M K. Tourism, Culture and Regeneration[M]. Wallingford: CABI, 2007.

［118］ROBERTS P, SYKES II. Urban Regeneration: A Handbook[M]. London: SAGE Publications, 2000.

［119］DIAMOND J, LIDDLE J, SOUTHERN A, et al. Urban Regeneration Management: International Perspectives[M]. London: Taylor & Francis, 2010.

［120］TALLON A. Urban Regeneration and Renewal[M]. London: Routledge, 2010.

［121］PORTER L, SHAW K. Whose Urban Renaissance? An International Comparison of Urban Regeneration Strategies[M]. London: Routledge, 2009.

［122］COUCH C. Urban Renewal: Theory and Practice[M]. London: Macmillan Education UK, 1990.

［123］LEARY M E, MCCARTHY J. The Routledge Companion to Urban Regeneration[M]. London: Taylor & Francis, 2013.

［124］COUCH C, FRASER C, PERCY S. Urban Regeneration in Europe[M]. Hoboken: Wiley, 2003.

［125］FORCE T U T. Towards an Urban Renaissance[R]. London: E & FN Spon, 1999.

［126］TALLON A. Urban Regeneration in the UK[M]. London: Routledge, 2010.

［127］JONES P, EVANS J. Urban Regeneration in the UK: Theory and Practice[M]. London: SAGE Publications, 2008.

［128］JONES P, EVANS J. Urban Regeneration in the UK: Boom, Bust and Recovery[M]. London: SAGE Publications, 2013.

［129］COLANTONIO A, DIXON T. Urban Regeneration and Social Sustainability: Best Practice from European Cities[M]. Oxford: Wiley, 2011.

［130］BULL C. Cross-Cultural Urban Design: Global or Local Practice[M]. London: Taylor & Francis, 2013.

［131］王世福，沈爽婷. 从"三旧改造"到城市更新：广州市成立城市更新局之思考［J］. 城市规划学刊，2015（3）：22-27.

［132］田莉，郭旭."三旧改造"推动的广州城乡更新：基于新自由主义的视角［J］. 南方建筑，2017（4）：9-14.

［133］朱介鸣. 制度转型中土地租金在建构城市空间中的作用：对城市更新的影响［J］. 城市规划学刊，2016（2）：28-34.

［134］阳建强，吴明伟. 现代城市更新［M］. 南京：东南大学出版社，1999.

［135］阳建强. 西欧城市更新［M］. 南京：东南大学出版社，2012.

［136］阳建强. 中国城市更新的现况、特征及趋向［J］. 城市规划，2000（4）：53-55，63-64.

［137］阳建强. 城市更新理论与方法［M］. 北京：中国建筑工业出版社，2022.

［138］ROSEMANN J. 欧洲城市更新：简短的历史［J］. 建筑技艺，2014（10）：24-31.

［139］丁凡，伍江. 城市更新相关概念的演进及在当今的现实意义［J］. 城市规划学刊，

2017（6）：87-95.

［140］董玛力，陈田，王丽艳. 西方城市更新发展历程和政策演变［J］. 人文地理，2009（5）：
42-46.

［141］李建波，张京祥. 中西方城市更新演化比较研究［J］. 城市问题，2003（5）：68-71，49.

［142］丁凡，伍江. 上海城市更新演变及新时期的文化转向［J］. 住宅科技，2018，38（11）：1-9.

［143］匡晓明. 上海城市更新面临的难点与对策［J］. 科学发展，2017（3）：32-39.

［144］吴炳怀. 我国城市更新理论与实践的回顾分析及发展建议［J］. 城市研究，1999（5）：
46-48.

［145］周俭. 城市更新规划指标体系研讨［J］. 上海城市规划，1997（3）：4-9.

［146］庄少勤. 上海城市更新的新探索［J］. 上海城市规划，2015（5）：10-12.

［147］彭再德，邬万里. 城市更新与城市持续发展：兼论21世纪上海城市建设中的几个问题
［J］. 城市规划汇刊，1995（5）：56-61，64.

［148］程大林，张京祥. 城市更新：超越物质规划的行动与思考［J］. 城市规划，2004（2）：
70-73.

［149］翟斌庆，伍美琴. 城市更新理念与中国城市现实［J］. 城市规划学刊，2009（2）：75-82.

［150］黄鹤. 文化政策主导下的城市更新：西方城市运用文化资源促进城市发展的相关经验
和启示［J］. 国外城市规划，2006（1）：34-39.

［151］伍江. 艺术人文视角下的公共空间与历史文化背景下的城市更新：2015上海城市空间
艺术季策展感言［J］. 时代建筑，2015（6）：56-59.

［152］单霁翔. 从功能城市走向文化城市［M］. 天津：天津大学出版社，2007.

［153］邱超奕. 以人民为中心推进城市更新［N］. 人民日报，2021-11-26.

［154］CASTELLS M. The Rise of the Network Society: The Information Age: Economy, Society and
Culture[M]. Hoboken: Wiley, 2000.

［155］ROBERTSON R T. The Three Waves of Globalization: A History of a Developing Global
Consciousness[M]. REV-Revised London: Bloomsburry Publishing, 2002.

［156］IIARMS H. Long Tcrm Economic Cycles and Relationship between Port and City: The Case of
Hamburg[M]//Globalization and City Ports: The Response of City Ports in the Northern
Hemisphere. Delft: DUP Science, 2003.

［157］HAYUTH Y, HILLING D. Technological Change and Seaport Development[M]//HOYIE B S,

PINDER D. European Port Cities in Transition. London: Belhaven Press, 1992.

［158］SASSEN S. The Global City: New York, London, Tokyo[M]. Princeton: Princeton University Press, 2001.

［159］SASSEN S. Cities in a World Economy[M]. London: SAGE Publications, 1994.

［160］LOFTMAN P, NEVIN B. Prestige Project, City Center Re-Structuring and Social Exclusion: Taking the Long-Term View[M]//MILES M, HALL T. Urban Futures: Critical Commentaries on Shaping Cities. Hoboken: Taylor & Francis, 2003.

［161］PERCY S. New Agendas[M]//COUCH C, FRASER C, PERCY S. Urban Regeneration in Europe. Oxford: Blackwell, 2003.

［162］张庭伟. 滨水地区的规划和开发［J］. 城市规划，1999（2）：49-54，32.

［163］HOYLE B S. The Port-City Interface: Trends, Problems and Examples[J]. Geoforum, 1989, 20(4): 429-435.

［164］RAFFERTY L, HOLST L. An Introduction to Urban Waterfront Development[M]. Washington, D.C.: Urban Land Institute, 2004.

［165］HAYUTH Y. Changes on the Waterfront: A Model-Based Approach[M]//HOYLE B S, PINDER D, HUSAIN M S. Revitalising the Waterfront: International Dimensions of Dockland Redevelopment. London: Belhaven Press, 1988.

［166］SIEBER R T. Waterfront Revitalization in Postindustrial Port Cities of North America[J]. City & Society, 1991, 5 (2): 120-136.

［167］ASHWORTH G J, TUNBRIDGE J E. The Tourist-Historic City[M]. London: Belhaven Press, 1990.

［168］PLANNING B C D O. The Habour of Baltimore[M]. Baltimore: Baltimore City Department of Planning, 1986.

［169］HARVEY D. The Condition of Postmodernity: An Enquiry into the Origins of Cultural Change[M]. Cambridge: Blackwell, 1990.

［170］HAMBLETON R. American Dreams Urban Realisation[J]. Planner, 1991, 77(6): 6-10.

［171］THORNLEY A. Urban Planning under Thatcherism[M]. London: Routledge, 1992.

［172］GORDON D L A. Battery Park City: Politics and Planning on the New York Waterfront[M]. Amsterdam: Gordon and Breach, 1997.

［173］GORDON D L A. Implmenting Urban Waterfront Redevelopment[M]//FISHER B, BENSON B. Remaking the Urban Waterfront. Washington, D.C.: Urban Land Institute, 2004.

［174］HARRISON A. Docklands Heritage: Conservation and Regeneration in London Docklands[M]. London: London Docklands Development Corporation, 1987.

［175］EDWARDS B. London Docklands: Urban Design in an Age of Deregulation[M]. Oxford: Butterworth Architecture, 1992.

［176］HARVEY D. The Invisible Political Economy of Architectural Production[M]//BOUMAN O, TOORN R V. The Invisible in Architecture. London: Academy Editions, 1994.

［177］BROWNILL S. Developing London's Docklands: Another Great Planning Disaster[M]. London: Paul Chapman, 1990.

［178］RILEY R, SHURMER-SMITH L. Global Imperatives, Local Forces and Waterfront Redevelopment[M]//HOYLE B S, PINDER D, HUSAIN M S. Revitalising the Waterfront: International Dimensions of Dockland Redevelopment. London: Belhaven Press, 1988.

［179］ENVIRONMENT D O. US Experience in Evaluating Urban Regeneration[M]. London: Her Majesty's Stationery Office, 1990.

［180］English Tourist Board E. Waterfront Renaissance[M]//Tourism in Action. London: ETB, 1988: 1-5.

［181］BOARD E T. Growth of Waterside Magnets[M]//Tourism in Action. London: ETB, 1989: 2-3.

［182］WINTERBOTTOM S.Baltimore Power Plant: Assessment of Failure[J]. Urban Land, 1989(1): 2-5.

［183］WILLE L. Forever Open, Clear, and Free: The Struggle for Chicago's Lakefront[M]. 2nd ed. Chicago: University of Chicago Press, 1991.

［184］BREEN A, RIGBY D. Who's Waterfront Is It Anyway[J]. American Planning Journal, 1990(2): 10–12.

［185］DUTTON C. Sustaining Regeneration on the Eastern Seaboard[J]. Planning, 1991: 15-16.

［186］Cleveland Urban Development Commission. Symposium Puts Cleveland's Waterfront in Global Perspective[N]. CUDC Quarterly, 2001-06-01.

［187］LEVICK E. Seaport: New York's Vanished Waterfront[M]. New York: Smithsonian Books, 2004.

［188］CHANG T C, HUANG S, SAVAGE V R. On the Waterfront: Globalization and Urbanization in Singapore[J]. Urban Geography, 2004, 25(5): 413-436.

［189］YIU M. Hong Kong's Global Image Campaign: Port City Transformation from British Colony to Special Adiministrative Region of China[M]//HEIN C. Port Cities: Dynamic Landscapes and Global Networks. Abingdon: Routledge, 2011.

［190］YUEN B. Urban Regeneration in Asia-Mega-Projects and Heritage Conservation[M]//LEARY M E, MCCARTHY J. The Routledge Companion to Urban Regeneration. New York: Routledge, 2013.

［191］FISHER B. Elements of the Urban Waterfront[M]. New York: Van Nostrand Reinhold, 1997.

［192］SMITH H, FERRARI M S G. Introdution: Sustainable Waterfront Regeneration around the North Sea in a Global Context[M]//SMITH H, GARCIA FERRARI M S. Waterfront Regeneration: Experiences in City-Building. Abingdon: Earthscan, 2012.

［193］HOYLE B S. Global and Local Change on the Port-City Waterfront[J]. Geographical Review, 2000, 90(3): 395-417.

［194］KNAAP B V D, PINDER D. Revitalising the European Waterfront Policy Evolution and Planning Issues European Port Cities in Transition[M]. London: Belhaven Press in Association with the British Association for the Advancement of Science, 1992.

［195］BELL D J. The Coming of Post-Industrial Society: A Venture in Social Forecasting[M]. New York: Basic Books, 1973.

［196］MILLSPAUGH M L. Waterfronts as Catalysts for City Renewal[M]//MARSHALL R. Waterfronts in Post-Industrial Cities. London: Spon Press, 2001.

［197］ALEMANY J, BRUTTOMESSO R. The Port City in the XXIst Century: New Challenges in the Relationship between Port and City[M]. Venice: Rete, 2011.

［198］MEYER P B, SAUNDERS M J. Regenerating the Core: Or Is It Periphery Reclaiming Waterfronts in US Cities[M]//LEARY M E, MCCARTHY J. The Routledge Companion to Urban Regeneration. London: Taylor & Francis, 2013.

［199］FISHER B. Waterfront Design[M]//FISHER B, BENSON B. Remaking the Urban Waterfront. Washington, D.C.: Urban Land Institute, 2004.

［200］MAURIZIO CARTA D R. The Fluid City Paradigm Waterfront Regeneration as an Urban

Renewal Strategy[Z], 2016.

［201］WITTY J, JOANNE W, HENRIK K. Brooklyn Bridge Park: A Dying Waterfront Transformed [M]. New York: Fordham University Press, 2016.

［202］PINDER D, ROSING K E. Public Policy and Planning of the Rotterdam Waterfront: A Tale of Two Cities[M]//HOYLE B S, PINDER D A, HUSAIN M S. Revitalising the Waterfront-International Dimensions of Dockland Redevelopment. London: Belhaven Press, 1988.

［203］FRAMPTON K. Megaform as Urban Landscape[M]. Ann Arbor: University of Michigan, A. Alfred Taubman College of Architecture + Urban Planning, 1999.

［204］ALLEN S, MCQUADE M. Landform Building: Architecture's New Terrain[M]. Baden: Lars Muller, 2011.

［205］SCHUBERT D. Waterfront Revitalizations from a Local to a Regional Perspective in London, Barcelona, Rotterdam, and Hamburg[M]//DESFOR G, LAIDLEY J, STEVENS Q, et al. Transforming Urban Waterfronts: Fixity and Flow. London: Routledge, 2010.

［206］BAITER R A. Lower Manhattan Waterfront: The Special Battery Park City District, the Special Manhattan Landing Development District, the Special South Street Seaport District [M]. New York: Office of Lower Manhattan Development, 1975.

［207］CARTER D K. Remaking Post-Industrial Cities: Lessons from North America and Europe[M]. New York: Routledge, 2016.

［208］孙施文，王喆. 城市滨水区发展与城市竞争力关系研究［J］. 规划师，2004（8）: 5-9.

［209］WU F, ZHANG F, WANG Z. Planning China's Future: How China Plans for Growth and Development[R]. RTPI Research Report, 2015.

［210］FOSTER J. Docklands: Cultures in Conflict, Worlds in Collision[M]. London: UCL Press, 1999.

［211］TUNBRIDGE J. Policy Converngence on the Waterfront? A Comparative Assessment of North American Revitalisation Strategies[M]//HOYLE B S, PINDER D, HUSAIN M S. Revitalising the Waterfront: International Dimensions of Dockland Redevelopment. London: Belhaven Press, 1988.

［212］SCHIFFMAN G. Environmental Issues in Waterfront Development[M]//FISHER B, BENSON B. Remaking the Urban Waterfront. Washington, D.C.: Urban Land Institute, 2004.

［213］WARMAN C. Business Taken to Working on Water[N]. The Times, 1990-07-25.

［214］HERSH B F. The Complexity of Urban Waterfront Redevelopment[R/OL]. New York: New York University Schack Institute of Real Estate, 2012. https://www.youtube.com/watch?v=fYzRHBDh3Tc.

［215］CHARLIER J. The Regeneration of Old Port Areas for New Port Uses[M]//HOYLE B S, PINDER D. European Port Cities in Transition. London: Belhaven Press, 1992.

［216］HARVEY D. From Managerialism to Entrepreneurialism: The Transformation in Urban Governance in Late Capitalism[J]. Geografiska Annaler, Series B, Human Geography, 1989, 71(1): 3-17.

［217］EDWARDS J A. Waterfronts, Tourism and Economic Sustainability: The United Kingdom Experience[M]//PRIESTLEY G K, EDWARDS J A, COCCOSSIS H. Sustainable Tourism? European Experiences. Wallingford: CAB International, 1996.

［218］COOPER M. Access to the Waterfront: Transformations of Meaning on the Toronto Lakeshore [M]//ROTENBERG R L, MCDONOGH G W. The Cultural Meaning of Urban Space. Westport: Bergin & Garvey, 1993.

［219］SMITH M K. Towards a Cultural Planning Approach to Regeneration[M]//SMITH M K. Tourism, Culture and Regeneration. Wallingford: CABI, 2007.

［220］SUDJIC D. Between the Metropolitan and the Provincial[M]//NYSTROM L. City and Culture: Cultural Processes and Urban Sustainability. Kalmar: The Swedish Urban Environment Council, 1999: 178-185.

［221］ZUKIN S. Gentrification: Culture and Capital in the Urban Core[J]. Annual Review of Sociology, 1987, 13: 129-147.

［222］SIEBER R T. Public Access on the Urban Waterfront: A Question of Vision[M]//ROTENBERG R L, MCDONOGH G W. The Cultural Meaning of Urban Space. Westport: Bergin & Garvey, 1993.

［223］罗克韦尔. 在社会主义中的法国文化：自私还是历史感［EB/OL］.（1993-03-24）［2015-04-24］. https://www.nytimes.com/1993/03/24/arts/french-culture-under-socialism-egotism-or-a-sense-of-history.html.

［224］KRIEGER A. Reflections on the Boston Waterfront[M]//MARSHALL R. Waterfronts in Post Industrial Cities. London, New York: Spon Press, 2001.

［225］SASSEN S. The Global City: New York, London, Tokyo[M]. Princeton: Princeton University Press, 1991.

［226］FRIEDMANN J. The World City Hypothesis[J]. Development and Change, 1986, 17(1): 69-83.

［227］SASSEN S. Immigration and Local Labor Markets[M]//PORTES A. The Economic Sociology of Immigration. New York: Russell Sage, 1995: 87-127.

［228］HALL P G. The World Cities[M]. London:Weidenfeld and Nicolson, 1984: 276.

［229］SCOTT A J. Global City-Regions: Trends, Theory, Policy[M]. Oxford: OUP, 2001.

［230］KLOOSTERMAN R C, LAMBREGTS B. Clustering of Economic Activities in Polycentric Urban Regions: The Case of the Randstad[J]. Urban Studies, 2001, 38(4): 717-732.

［231］PERKMANN M, SUM N-L. Globalization, Regionalization, and Cross-Border Regions[M]. Basingstoke: Palgrave MacMillan, 2002.

［232］DOUGLASS M. The Rise and Fall of World Cities in the Changing Space-Economy of Globalization[Z]. Comment on Peter J. Taylor's World Cities and Territorial States under Conditions of Contemporary Globalization, 2000: 43-49.

［233］ROBERTSON R. Globalization Theory and Civilization Analysis[M]//ROBERTSON R. Globalization: Social Theory and Global Culture. London: Sage, 1992.

［234］BECK U. The Reinvention of Politics: Rethinking Modernity in the Global Social Order[M]. Cambridge: Polity Press, 1997.

［235］CASTELLS M. Grassrooting the Space of Flows[J]. Urban Geography, 1999, 20(4): 294-302.

［236］AMIN A, THRIFT N, REGIONAL E P O, et al. Globalization, Institutions, and Regional Development in Europe[M]. Oxford: Oxford University Press, 1996.

［237］SASSEN S. Identity in the Global City, Economic and Cultural Encasements[M]//YAEGER P. The Geography of Identity. Ann Arbor: University of Michigan Press, 1996.

［238］BORJA J, BELIL M, CASTELLS M, et al. Local and Global: The Management of Cities in the Information Age[M]. London: Earthscan Publications, 1997.

［239］ÖNCÜ A E, WEYLAND P. Space, Culture and Power: New Identities in Globalizing Cities[M]. London: Zed Books, 1997.

［240］CARTIER C. Globalizing South China[M]. Hoboken: Wiley, 2011.

［241］YEOH B S A. Global/Globalizing Cities[J]. Progress in Human Geography, 1999, 23(4): 607-616.

［242］GODFREY B J. Restructuring and Decentralization in a World City[J]. Geographical Review, 1995, 85(4): 436-457.

［243］HARVEY D. Justice, Nature and the Geography of Difference[M]. Hoboken: Wiley, 1997.

［244］HICKS D A, NIVIN S R. Global Credentials, Immigration, and Metro-Regional Economic Performance[J]. Urban Geography, 1996, 17(1): 23-43.

［245］KAPLAN D H, SCHWARTZ A. Minneapolis-St. Paul in the Global Economy[J]. Urban Geography, 1996, 17(1): 44-59.

［246］NIJMAN J. Breaking the Rules: Miami in the Urban Hierarchy[J]. Urban Geography, 1996, 17(1): 5-22.

［247］WALKER R. Another Round of Globalization in San Francisco[J]. Urban Geography, 1996, 17(1): 60-94.

［248］BOYLE M, FINDLAY A, LELIEVRE E, et al. World Cities and the Limits to Global Control: A Case Study of Executive Search Firms in Europe's Leading Cities[J]. International Journal of Urban and Regional Research, 1996, 20(3): 498-517.

［249］THRIFT N. New Urban Eras and Old Technological Fears: Reconfiguring the Goodwill of Electronic Things[J]. Urban Studies, 1996, 33(8): 1463-1493.

［250］GRAHAM S. Networking Cities: Telematics in Urban Policy: A Critical Review[J]. International Journal of Urban and Regional Research, 2009, 18: 416-432.

［251］GRAHAM S. Cities in the Real-Time Age: The Paradigm Challenge of Telecommunications to the Conception and Planning of Urban Space[J]. Environment and Planning A: Economy and Space, 1997, 29(1): 105-127.

［252］HO K C. Corporate Regional Functions in Asia Pacific[J]. Asia Pacific Viewpoint, 1998, 39: 179-191.

［253］PERRY M, POON J, YEUNG H. Regional Offices in Singapore: Spatial and Strategic Influences in the Location of Corporate Control[M]. Review of Urban and Regional Development Studies, 2007, 10(1):42-59.

［254］YEUNG H W C. Transnational Corporations and Business Networks: Hong Kong Firms in the ASEAN Region[M]. London: Taylor & Francis, 2002.

［255］PERRY M, HUI T B. Global Manufacturing and Local Linkage in Singapore[J]. Environment and Planning A: Economy and Space, 1998, 30(9): 1603-1624.

[256] KNOX P L, TAYLOR P J. World Cities in a World-System[M]. Cambridge: Cambridge University Press, 1995.

[257] SIM L-L, ONG S-E, AGARWAL A, et al. Singapore's Competitiveness as a Global City: Development Strategy, Institutions and Business Environment[J]. Cities, 2003, 20(2): 115-127.

[258] SWYNGEDOUW E. Governance Innovation and the Citizen: The Janus Face of Governance-beyond-the-State[J]. Urban Studies, 2005, 42(11): 1991-2006.

[259] ROSSI U, VANOLO A. Regeneration What[M]//The Politics and Geographies of Actually Exisiting Regeneration: The Routledge Companion to Urban Regeneration. New York: Routledge, 2013.

[260] 蒂耶斯德尔，希思，厄奇. 城市历史街区的复兴［M］. 北京：中国建筑工业出版社，2006.

[261] KOSTOF S. The City Shaped: Urban Patterns and Meanings Through History[M]. London: Thames and Hudson, 1991.

[262] KOSTOF S. The City Assembled: The Elements of Urban Form Through History[M]. London: Thames and Hudson, 1992.

[263] LYNCH K. Good City Form[M]. Cambridge: MIT Press, 1984.

[264] CULLEN G. The Concise Townscape[M]. Oxford: Architectural Press, 1971.

[265] ROSSI A. The Architecture of the City[M]. Cambridge: MIT Press, 1984.

[266] 刘易斯·芒福德. 城市发展史：起源、演变和前景［M］. 北京：中国建筑工业出版社，2005.

[267] CRAMPTON J W, ELDEN S. Space, Knowledge, and Power: Foucault and Geography[M]. Aldershot: Ashgate, 2007.

[268] 大卫·哈维. 叛逆的城市：从拥有城市权力到城市革命［M］. 叶齐茂，译. 北京：商务印书馆，2014.

[269] BERMAN M. All that Is Solid Melts into Air: The Experience of Modernity[M]. New York: Viking Penguin, 1988.

[270] MOLOTCH H. The City as a Growth Machine: Toward a Political Economy of Place[J]. American Journal of Sociology, 1976, 82(2): 309-332.

［271］HALL P. Cities of Tomorrow: An Intellectual History of Urban Planning and Design in the Twentieth Century[M]. Oxford: Blackwell Publishers, 1996.

［272］殷洁，张京祥，罗小龙. 重申全球化时代的空间观：后现代地理学的理论与实践［J］. 人文地理，2010（4）：12-17.

［273］LIBBY P, KATE S. Whose Urban Renaissance[M]. London: Routledge, 2008.

［274］SASSEN S. Territory, Authority, Rights: From Medieval to Global Assemblages[M]. Princeton: Princeton University Press, 2006.

［275］ZUKIN S. Landscapes of Power: From Detroit to Disney World[M]. Berkeley: University of California Press, 1993.

［276］HARVEY D. Consciousness and the Urban Experience: Studies in the History and Theory of Capitalist Urbanization[M]. Baltimore: John Hopkins University Press, 1985.

［277］HALL P. Urban and Regional Planning[M]. London: Routledge, 1992.

［278］ADAIR A, BERRY J, MCGREAL S, et al. Evaluation of Investor Behaviour in Urban Regeneration[J]. Urban Studies, 1999, 36(12): 2031-2045.

［279］BOURDIEU P. Distinction: A Social Critique of the Judgement of Taste[M]. London: Routledge & Kegan Paul, 1986.

［280］LEFEBVRE H. The Production of Space[M]. Cambridge: Wiley-Blackwell, 1992.

［281］GINSBURG N. Putting the Social Into Urban Regeneration Policy[J]. Local Economy, 1999, 14(1): 55-71.

［282］NEL. LO O. The Challenges of Urban Renewal. Ten Lessons from the Catalan Experience [J]. Aná lise Social, 2010, 45(197): 685-715.

［283］HARVEY D. The Urban Experience[M]. Baltimore: Johns Hopkins University Press, 1989.

［284］HARVEY D. Social Justice and the City[M]. London: Edward Arnold, 1973.

［285］FOUCAULT M. The Essential Foucault: Selections from Essential Works of Foucault, 1954-1984[M]. New York: New Press, 2003.

［286］SOJA E W. Seeking Spatial Justice[M]. Minneapolis: University of Minnesota Press, 2010.

［287］HARVEY D. The Right to the City[J]. International Journal of Urban and Regional Research, 2003, 27(4): 939-941.

［288］SASSEN S. Expulsions: Brutality and Complexity in the Global Economy[M]. Cambridge:

Harvard University Press, 2014.

［289］LEFEBVRE H. Writings on Cities[M]. Cambridge: Blackwell, 1996.

［290］苏晓智. 从示范城市运动看美国社区社会特征下的城市治理：以西雅图、亚特兰大和代顿为例［J］. 开发研究，2013（3）：37-40.

［291］LLOYD G, MCCARTHY J, FERNIE K. From Cause to Effect? A New Agenda for Urban Regeneration in Scotland[J]. Local Economy, 2001, 16(3): 221-235.

［292］安东尼·吉登斯. 社会的构成：结构化理论纲要［M］. 北京：中国人民大学出版社，2016.

［293］LEFEBVRE H. Critique of Everyday Life[M]. London: Verso, 2008.

［294］贝斯特. 后现代转向［M］. 陈刚，译. 南京：南京大学出版社，2002.

［295］习近平. 在浦东开发开放30周年庆祝大会上的讲话［N］. 人民日报，2020-11-13（002）.

［296］叶贵勋. 循迹·启新：上海城市规划演进［M］. 上海：同济大学出版社，2007.

［297］HENRIOT C, ZHENG Z A. Atlas de Shanghai: Espaces et Représentations de 1849 à nos Jours[M]. Paris: CNRS Editions, 1999.

［298］荆锐，陈江龙，袁丰. 上海浦东新区空间生产过程与机理［J］. 中国科学院大学学报，2016（6）：783-791.

［299］中国经济研究咨询有限公司. 上海浦东报告［R］. 香港：中国经济研究咨询有限公司，1991.

［300］上海陆家嘴有限公司. 上海陆家嘴金融中心区规划与建筑：国际咨询卷［M］. 北京：中国建筑工业出版社，2001.

［301］孙平. 上海城市规划志［M］. 上海：上海社会科学院出版社，1999.

［302］MARSHALL R. The Focal Point of China Lujiazui, Shanghai[M]//MARSHALL R. Emerging Urbanity: Global Urban Projects in the Asia Pacific Rim. London: Spon Press, 2003.

［303］KUEH Y Y. Foreign Investment and Economic Change in China[J]. The China Quarterly, 1992 (131): 637-690.

［304］LI F, LI J. Foreign Investment in China[M]. Basingstoke: Macmillan, 1999.

［305］DAS GUPTA D, BANK W. China Engaged: Integration with the Global Economy[M]. Washington, D. C.: World Bank, 1997.

［306］RIMMER P. The Global Intelligence Crops and World Cities: Engineering Consultancies on the Move[M]//DANIELS P W. Services and Metropolitan Development: International Perspectives. London: Routledge, 1991.

［307］MCLEMORE A. Shanghai's Pudong: A Case Study in Strategic Planning[J]. Plan Canada, 1995 (1): 28-32.

［308］OLDS K. Globalizing Shanghai: The "Global Intelligence Corps" and the Building of Pudong [J]. Cities, 1997, 14(2): 109-123.

［309］ROGERS R. Cities for a Small Planet[M]. London: Faber and Faber, 1997.

［310］KOOIJMAN D, WIGMANS G. Managing the City Flows and Places at Rotterdam Central Station[J]. City, 2003, 7(3): 301-326.

［311］郑时龄. 上海城市空间环境的当代发展（摘）［J］. 建筑学报，2002（2）：15-20, 66-67.

［312］常青. 从建筑文化看上海城市精神：黄浦江畔的建筑对话［J］. 建筑学报，2003（12）：22-25.

［313］DENISON E, GUANG Y R. Building Shanghai: The Story of China's Gateway[M]. Chichester: Wiley-Academy, 2006.

［314］匹茨. 鲁尔：一部区域规划的简史［J］. 张晓军，译. 国际城市规划，2007（3）：16-22.

［315］BLOTEVOGEL H H. The Rhine-Ruhr Metropolitan Region: Reality and Discourse[J]. European Planning Studies, 1998, 6(4): 395-410.

［316］GRUEHN D. Regional Planning and Projects in the Ruhr Region (Germany)[M]// YOKOHARI M, MURAKAMI A, HARA Y, et al. Sustainable Landscape Planning in Selected Urban Regions. Tokyo: Springer, 2017: 215-225.

［317］柴舟跃，谢晓萍，尤利安·韦克尔. 德国城市群内区域公园规划管理手段研究：以莱茵美茵区域公园为例［J］. 国际城市规划，2016，31（2）：110-115.

［318］KÜHN M. Greenbelt and Green Heart: Separating and Integrating Landscapes in European City Regions[J]. Landscape and Urban Planning, 2003, 64(1): 19-27.

［319］NOSS R F. A Regional Landscape Approach to Maintain Diversity[J]. BioScience, 1983, 33 (11): 700-706.

［320］RODRIAN. Internationale Bauausstellung Emscher Park: Werkstatt für die Zukunft alter Industriegebiete[M]//WENTZ M. Planungskulturen. Frankfurt: Campus, 1992: 120-126.

［321］BOTTMEYER M. Land Management of Former Industrial Landscapes in the Economic Metropolis

Ruhr[EB/OL]. (2011-05-18)[2020-12-20]. https://www.oicrf.org/-/land-management-of-former-industrial-landscapes-in-the-economic-metropolis-ru-1.

[322] ADAMS N, PINCH P. The German Internationale Bauausstellung (IBA) and Urban Regeneration: Lessons from the IBA Emscher Park[M]. London: Routledge, 2017.

[323] RUHR R. Emscher Landscape Park Visitor's Guide[EB/OL]. (2019-12-14)[2020-12-20]. http://www.emscherlandschaftsparl.de/2019.12.14.

[324] SCHECK H, VALLENTIN D, VENJAKOB J. Emscher 3.0: From Grey to Blue-or, How the Blue Sky over the Ruhr Region Fell into the Emscher[M]. Bönen: Kettler, 2013.

[325] DONADIEU P. Landscape Urbanism in Europe: From Brownfields to Sustainable Urban Development[J]. Journal on Landscape Architecture, 2006, 1: 36-45.

[326] SHAW R. The International Building Exhibition (IBA) Emscher Park, Germany: A Model for Sustainable Restructuring[J]. European Planning Studies, 2002, 10(1): 77-97.

[327] EDLER D, KEIL J, WIEDENLÜBBERT T, et al. Immersive VR Experience of Redeveloped Post-Industrial Sites: The Example of "Zeche Holland" in Bochum-Wattenscheid[J]. Journal of Cartography and Geographic Information, 2019, 69(4): 267-284.

[328] KUSHNER J A. Social Sustainability: Planning for Growth in Distressed Places: The German Experience in Berlin, Wittenberg, and the Ruhr[J]. Seattle: Washington University Journal of Law and Policy, 2000, 3: 849.

[329] MELL I, ALLIN S, REIMER M, et al. Strategic Green Infrastructure Planning in Germany and the UK: A Transnational Evaluation of the Evolution of Urban Greening Policy and Practice [J]. International Planning Studies, 2017, 22(4): 333-349.

[330] 王静，王兰，保罗·布兰克－巴茨. 鲁尔区的城市转型：多特蒙德和埃森的经验［J］. 国际城市规划，2013，28（6）：43-49.

[331] PERCY S. The Ruhr: From Dereliction to Recovery[M]//COUCH C, FRASER C, PERCY S. Urban Regeneration in Europe. Hoboken: Wiley, 2003.

[332] ANDERSON C. DP Architects on Marina Bay: Evolution of a Civic Downtown[M]. ORO Edition, 2015.

[333] DOBBS S. The Singapore River: A Social History, 1819-2002[M]. Singapore:Singapore University Press, 2003.

［334］AUTHORITY U R. Singapore River Development Guide Plan (Draft)[M]. Singapore: Urban Redevelopment Authority, 1992.

［335］AUTHORITY U R. Singapore River Planning Area, Planning Report[M]. Singapore: Urban Redevelopment Authority, 1994.

［336］FLORIDA R L. The Rise of the Creative Class: And How Its Transforming Work, Leisure, Community and Everyday Life[M]. New York: Basic Books, 2002.

［337］DAVISON J. Singapore Shophouse[M]. Singapore: Talisman, 2010.

［338］AUTHORITY U R. Conservation Guidelines[M]. Singapore: Urban Redevelopment Authority, 2001.

［339］HANNIGAN J. Fantasy City: Pleasure and Profit in the Postmodern Metropolis[M]. London: Routledge, 2005.

［340］屈张. 建筑策划的协同模式在历史环境新建项目中的研究［D］. 北京：清华大学，2015.

［341］BROUDEHOUX A-M. The Making and Selling of Post-Mao Beijing[Z]. 2004.

［342］DANIERE A, DOUGLASS M. The Politics of Civic Space in Asia: Building Urban Communities[M]. London: Routledge, 2009.

［343］HARVEY D. Social Justice and the City[M]. Athens, Georgia: University of Georgia Press, 2009.

［344］BRIDGE G, BUTLER T, LEES L. Mixed Communities: Gentrification by Stealth[M]. Bristol: Policy Press, 2011.

［345］Un-Habitat. Planning Sustainable Cities: Global Report on Human Settlements 2009[M]. London: Earthscan, 2009.

［346］Urban Redevelopment Authority. Concept Plan 2001[Z]. 2001.

［347］National Heritage Board. Renaissance City Plan III: Heritage Development Plan[Z]. 2008.

［348］朱介鸣. 城市发展战略规划的发展机制——政府推动城市发展的新加坡经验［J］. 城市规划学刊，2012（4）：22-27.

［349］伍江. 亚洲城市点评：从《新加坡的城市规划与发展》一文想到的［J］. 上海城市规划，2012（3）：144.

［350］王才强，沙永杰，魏娟娟. 新加坡的城市规划与发展［J］. 上海城市规划，2012（3）：

136-143.

［351］张祚，李江风，陈昆仑，等．"特色全球城市"目标下的新加坡河滨水空间再生与启示［J］．世界地理研究，2013，22（4）：63-73.

［352］LEY D. Styles of the Times: Liberal and Neo-Conservative Landscapes in Inner Vancouver, 1968-1986[J]. Journal of Historical Geography, 1987, 13(1): 40-56.

［353］MERRIFIELD A. The Struggle over Place: Redeveloping American Can in Southeast Baltimore [J]. Transactions of the Institute of British Geographers, 1993, 18(1): 102-121.

［354］CRILLEY D. Megastructures and Urban Change: Aesthetics, Ideology, and Design[M]// KNOX P, CLIFFS E. The Restless Urban Landscape. London: Routledge, 2006.

［355］CRILLEY D. Architecture as Advertising: Constructing the Image of Redevelopment[M]// KEARNS G, PHILO C. Selling Places: The City as Cultural Capital, Past and Present. Oxford: Pergamon Press, 1993: 232-252.

［356］FAINSTEIN S S. The City Builders: Property Development in New York and London, 1980-2000[M]. 2nd ed. Lawrence: University Press of Kansas, 2001.

［357］ZUKIN S. The City as a Landscape of Power: London and New York as Global Financial Capitals[M]//BRENNER N, KEIL R. The Global Cities Reader. London: Routledge, 2006.

［358］ZUKIN S. Postmodern Urban Landscapes-Mapping Culture and Power[M]//LASH S, FRIEDMAN J. Modernity and Identity. Oxford and Cambridge: Basil Blackwell, 1992.

［359］GEERTZ C. Local Knowledge: Further Essays in Interpretive Anthropology[M]. New York: Basic Books, 1983.

［360］MULLINS P. Tourism Urbanization[J]. International Journal of Urban and Regional Research, 2009, 15(3): 326-342.

［361］MARCUSE P. The Enclave, the Citadel, and the Ghetto: What Has Changed in the Post-Fordist U.S. City[J]. Urban Affairs Review, 1997, 33(2): 228-264.

［362］DIELEMAN F M, DIJST M J, SPIT T. Planning the Compact City: The Randstad Holland Experience[J]. European Planning Studies, 1999, 7(5): 605-621.

［363］COUCH C. Rotterdam: Structural Change and the Port[M]//Urban Regeneration in Europe. Hoboken: Wiley, 2003.

［364］MEYER H. Rotterdam[M]//MEYER H. City and Port: Urban Planning as a Cultural Venture in London, Barcelona, New York, and Rotterdam: Changing Relations between Public Urban Space and Large-Scale Infrastructure. Utrecht: International Books, 1999.

［365］VAN DEN BERG L M, VAN DER MEER J, OTGAAR A H J, et al. The Attractive City: Catalyst for Economic Development and Social Revitalisation: An International Comparative Research into the Experience of Birmingham, Lisbon and Rotterdam[M]. Rotterdam: European Institute for Comparative Research, Erasmus University, 2000.

［366］MCCARTHY J. Waterfront Regeneration in the Netherlands: The Cases of Rotterdam and Maastricht[J]. European Planning Studies, 1996, 4(5): 545-560.

［367］DOUCET B. Rich Cities with Poor People: Waterfront Regeneration in the Netherlands and Scotland[M]. Utrecht: Koninklijk Nederlands Aardrijkskundig Genootschap, 2010.

［368］张婷. 建筑为媒：古根海姆博物馆的品牌营销策略［J］. 世界建筑, 2010（3）: 127-131.

［369］王懿宁, 陈天, 臧鑫宇. 城市营销带动城市更新：从"古根海姆效应"到"毕尔巴鄂效应"［J］. 国际城市规划, 2020, 35（4）: 55-63.

［370］郑憩, 吕斌, 谭肖红. 国际旧城再生的文化模式及其启示［J］. 国际城市规划, 2013, 28（1）: 63-68.

［371］GÓMEZ M V. Reflective Images: The Case of Urban Regeneration in Glasgow and Bilbao[J]. International Journal of Urban and Regional Research, 1998, 22(1): 106-121.

［372］SOTO E R, CARMONA M. Bilbao Strengthening the Bond between City and Port[M]// CARMONA M. Globalization and City Ports: The Response of City Ports in the Northern Hemisphere. Delft: The Netherlands DUP Science, 2003.

［373］西尔克·哈里奇, 比阿特丽斯·普拉萨, 焦怡雪. 创意毕尔巴鄂：古根海姆效应［J］. 国际城市规划, 2012（3）: 11-16.

［374］VEGARA A. New Millennium Bilbao[M]//MARSHALL R. Waterfronts in Post-Industrial Cities[M]. London: Spon Press, 2001.

［375］林明美. 以博物馆作为都市振兴的触媒：以古根海姆分馆为例［J］. 博物馆学季刊, 2007, 21（2）: 97-113, 115.

［376］马琳. 博物馆与全球化：古根海姆博物馆的行销模式［J］. 画刊, 2011（4）: 76-78.

［377］JOHNSON L. Cultural Capitals: Revaluing the Arts, Remaking Urban Spaces[M]. London: Routledge, 2016.

[378] BIANCHINI F. Culture, Conflict and Cities-Issues and Prospects for the 1990s[M]// BIANCHINI F, PARKINSON M. Cultural Policy and Urban Regeneration: The West European Experience. Manchester: Manchester University Press, 1993: 199-213.

[379] GRIFFITHS R. The Politics of Cultural Policy in Urban Regeneration Strategies[J]. Policy & Politics, 1993, 21(1): 39-46.

[380] BANIOTOPOULOU E. Art for Whose Sake? Modern Art Museums and Their Role in Transforming Societies: The Case of the Guggenheim Bilbao[J]. Journal of Conservation and Museum Studies, 2001(7): 1-15.

[381] EVANS G. Hard-Branding the Cultural City: From Prado to Prada[J]. International Journal of Urban and Regional Research, 2003, 27(2): 417-440.

[382] CASTELLS M. The Power of Identity[M]. Malden: Blackwell, 2004.

[383] GAMBLE J. Shanghai in Transition: Changing Perspectives and Social Contours of a Chinese Metropolis[M]. London: Routledge Curzon, 2002.

[384] CARTA M. L'Armatura Culturale del Territorio: Il Patrimonio Culturale Come Matrice d'Identità e Strumento di Sviluppo[M]. Milano: F. Angeli, 1999.

[385] SOUTHWORTH M, RUGGERI D. Beyond Placelessness, Place Identity and the Global City [M]//BANERJEE T, LOUKAITOU-SIDERIS A. Companion to Urban Design. Abingdon: Routledge, 2011.

[386] LYNCH K. The Image of the City[M]. Harvard: Oxford U.P, 1960.

[387] SEPE M. Planning and Place in the City: Mapping Place Identity[M]. Abingdon: Routledge, 2013.

[388] BRAUDEL F. Civilization and Capitalism, 15th-18th Century[M]. London: Collins, 1981.

[389] CULLEN G. Townscape[M]. London: Architectural Press, 1961.

[390] VENTURI R. Learning from Las Vegas: The Forgotten Symbolism of Architectural Form[M]. Cambridge: MIT Press, 1977.

[391] VENTURI R. Complexity and Contradiction in Architecture[M]. New York: Museum of Modern Art, 1966.

[392] AUGÉ M. Non-Places[M]. London: Verso, 2008.

[393] KOOLHAAS R. Mutations: Rem Koolhaas, Harvard Project on the City; Stefano Boeri,

Multiplicity; Sanford Kwinter; Nadia Tazi, Hans Ulrich Obrist[M]. Barcelona: ACTAR, 2000.

［394］史蒂文森. 城市与城市文化［M］. 李东航，译. 北京：北京大学出版社，2015.

［395］MUMFORD L. The Culture of Cities[M]. New York: Harcourt, Brace & World, 1966.

［396］MUMFORD L. The Culture of Cities[M]. New York:Harcourt, Brace and Company, 1938.

［397］WANG J. The Rhetoric and Reality of Culture-Led Urban Regeneration: A Comparison of Beijing and Shanghai, China[M]. New York: Nova Science Publishers, 2011.

［398］BOURDIEU P. The Field of Cultural Production: Essays on Art and Literature[M]. Cambridge: Polity Press, 1993.

［399］ZUKIN S. Loft Living: Culture and Capital in Urban Change[M]. Baltimore: Johns Hopkins University Press, 1982.

［400］ZUKIN S. The Cultures of Cities[M]. Cambridge: Blackwell, 1995.

［401］ALSAYYAD N. Consuming Tradition, Manufacturing Heritage: Global Norms and Urban Forms in the Age of Tourism[M]. London, New York: Routledge, 2013.

［402］EVANS G. Measure for Measure: Evaluating the Evidence of Culture's Contribution to Regeneration[M]//PADDISON R, MILES S. Culture-Led Urban Regeneration. London: Routledge, 2009.

［403］EVANS G. Cultural Planning, an Urban Renaissance[M]. London: Routledge, 2001.

［404］RICHARDS G, WILSON J. The Impact of Cultural Events on City Image: Rotterdam, Cultural Capital of Europe 2001[J]. Urban Studies, 2004, 41(10): 1931-1951.

［405］YEOH B S A. The Global Cultural City? Spatial Imagineering and Politics in the (Multi) Cultural Marketplaces of South-East Asia[J]. Urban Studies, 2005, 42(5-6): 945-958.

后记

　　2021 年 12 月份我于同济大学出版社出版了《水城共生——城市更新背景下上海黄浦江两岸文化空间的变迁》一书，作为我第一部公开出版的学术著作，该书基于城市更新的背景，对黄浦江两岸空间进行系统性梳理，并创新性地以文化作为抓手，挖掘了全球化以及城市更新等背景下黄浦江空间变迁的特征及内涵。

　　作为上一本书的的姊妹篇，同样是基于我的博士论文研究主题的延伸与拓展，本书探讨了"全球—本地"这一对极具张力的对应性的语境下"城市—水岸"的双重嵌套的研究关系。"全球化与在地化"是我学术研究的大背景（亦是我博士论文的标题），研究的载体是城市更新中的水岸再生，而本书写作中的一条隐含的主线则是文化研究。城市更新的现象也正是一种文化现象，城市产生、发展、繁荣、凋零、更新、再生，文化在其中得以传承和传播。文化体现了不仅仅是东方与西方，集体与个体，古代与现代，更加是全球与本地之间的关系。全球与本地这组并列的词语，似乎暗示了一种文化流通和传播的路径，一种跨文化传播得以实现的视角。同时也反映了对于文化既要海纳百川又要有自己的信仰与坚守。

　　在对全球化研究蓬勃发展的同时，在地化或者说本土化、地域主义研究同样开始萌芽，正如现代主义的后期诞生了后现代主义一样，理论的研究和流派总是在冲突和对立的博弈进程中得以协同发展。这也反映了一种充满张力和冲突的，对于事物考察和研究的多方面关照。正是这种迷人的对比引发了我不断去探索去比较，以水岸再生的现象作为样本去研究城市更新的国际经验和本土经验之间的关联。

　　本书的顺利出版首先要感谢我的博士导师伍江教授，同时感谢中国建筑工业出版社的副总编辑陆新之老师，以及我的责任编辑焦扬老师为此付出的辛苦努力。截至本书的出版，我已经在同济大学艺术与传媒学院任职近两年，感谢学院领导对我的学术和科研工作的支持。同时这本书的出版需要感谢国家自然科学基金委的资助。

最后要感谢我的父母家人对我事业和生活的支持。

丁凡

2022 年 8 月

于上海